《中国大百科全书》普及版

WUGUANGSHISE HANYANGYANKUANGWUJIAZU

U0302477

五光十色

含氧盐矿物家族　【地质卷】

中国大百科全书出版社

图书在版编目（CIP）数据

五光十色：含氧盐矿物家族／《中国大百科全书：普及版》
编委会编.—北京：中国大百科全书出版社，2013.8
　（中国大百科全书：普及版）
　ISBN 978-7-5000-9224-7

　I.①五… II.①中… III.①碳酸盐矿物－普及读物 IV.
①P578.6-49

　中国版本图书馆CIP数据核字（2013）第180586号

总　策　划：刘晓东　　陈义望
策划编辑：黄佳辉
责任编辑：黄佳辉　　徐世新
装帧设计：童行侃
出版发行：中国大百科全书出版社
地　　　址：北京阜成门北大街17号　　邮编：100037
网　　　址：http：//www.ecph.com.cn　　Tel：010-88390718
图文制作：北京华艺创世印刷设计有限公司
印　　刷：天津泰宇印务有限公司
字　　数：67千字
印　　张：7.25
开　　本：720×1020　　1/16
版　　次：2013年10月第1版
印　　次：2018年12月第3次印刷
书　　号：ISBN 978-7-5000-9224-7
定　　价：25.00元

前言

《中国大百科全书》是国家重点文化工程，是代表国家最高科学文化水平的权威工具书。全书的编纂工作一直得到党中央国务院的高度重视和支持，先后有三万多名各学科各领域最具代表性的科学家、专家学者参与其中。1993年按学科分卷出版完成了第一版，结束了中国没有百科全书的历史；2009年按条目汉语拼音顺序出版第二版，是中国第一部在编排方式上符合国际惯例的大型现代综合性百科全书。

《中国大百科全书》承担着弘扬中华文化、普及科学文化知识的重任。在人们的固有观念里，百科全书是一种用于查检知识和事实资料的工具书，但作为汲取知识的途径，百科全书的阅读功能却被大多数人所忽略。为了充分发挥《中国大百科全书》的功能，尤其是普及科学文化知识的功能，中国大百科全书出版社以系列丛书的方式推出了面向大众的《中国大百科全书》普及版。

《中国大百科全书》普及版为实现大众化和普及化的目标，在学科内容上，选取与大众学习、工作、生活密切相关的学科或知识领域，如文学、历史、艺术、科技等；在条目的选取上，侧重于学科或知识领域的基础性、实用性条目；在编纂方法上，为增加可读性，以章节形式整编条目内容，对过专、过深的内容进行删减、改编；在装帧形式上，在保持百科全书基本风格的基础上，封面和版式设计更加注重大众的阅读习惯。因此，普及版在充分体现知识性、准确性、权威性的前提下，增加了可读性，使其兼具工具书查检功能和大众读物的阅读功能，读者可以尽享阅读带来的愉悦。

百科全书被誉为"没有围墙的大学"，是覆盖人类社会各学科或知识领域的知识海洋。有人曾说过："多则价谦，万物皆然，唯独知识例外。知识越丰富，则价值就越昂贵。"而知识重在积累，古语有云："不积跬步，无以至千里；不积小流，无以成江海。"希望通过《中国大百科全书》普及版的出版，让百科全书走进千家万户，切实实现普及科学文化知识，提高民族素质的社会功能。

2013 年 6 月

第一章　碳酸盐矿物

　　含氧盐矿物是金属阳离子与不同含氧络阴离子组成的盐类化合物。含氧盐矿物中的络阴离子（含氧酸根）有 $[SiO_4]^{4-}$、$[BO_3]^{3-}$、$[PO_4]^{3-}$、$[AsO_4]^{3-}$、$[VO_4]^{3-}$、$[WO_4]^{2-}$、$[MoO_4]^{2-}$、$[CrO_4]^{2-}$、$[SO_4]^{2-}$、$[CO_3]^{2-}$、$[NO_3]^{-}$、$[IO_3]^{-}$ 等，其中的阳离子与氧构成的配位多面体有三角形、四面体、四方四面体等形状。不同络阴离子与金属阳离子结合，相应形成硅酸盐、硼酸盐、磷酸盐、砷酸盐、钒酸盐、钨酸盐、钼酸盐、铬酸盐、硫酸盐、碳酸盐、硝酸盐和碘酸盐矿物。在硅酸盐中存在由 $[SiO_4]^{4-}$ 配位多面体以共角顶形式连接、形成的一系列复杂的络阴离子；在硼酸盐和钒酸盐等含氧盐中，也存在与硅酸盐相类似的情况。含氧盐矿物中，络阴离子是独立的构造单位，其内部以共价键为主；而络阴离子与其外部阳离子则以离子键结合为主，使绝大多数含氧盐矿物的物理性质具有离子晶格的晶体特征。含氧盐矿物是重要的矿物资源，约占矿物总数的 1/3，它为化工、冶金、陶瓷、玻璃、建材、造纸、医药、食品、航天航空、人造纤维、装饰工艺等行业提供丰富的矿物原料，对国民经济发展起重要的作用。

　　碳酸盐矿物是金属阳离子与碳酸根 $[CO_3^{2-}]$ 相结合的含氧盐矿物。主要的阳离子有 Ca、Mg、Fe、Mn、Na、Cu、Pb、Zn、TR（稀土）等；阴离子除 $[CO_3^{2-}]$ 外，有时含附加阴离子 (OH^{1-})、F^{1-}、Cl^{1-}、$[SO_4^{2-}]$、$[PO_4^{2-}]$ 等。已知碳酸盐矿物有近百种。在晶体结构中，碳酸根 $[CO_3^{2-}]$ 呈平面三角形状；氧位于三角形角顶，碳位于三角形的中央。$[CO_3^{2-}]$ 之间是分开的，是靠阳离子或附加阴离子连接起来。有无水碳酸盐、含水碳酸盐及含附加阴离子的无水或含水碳酸盐之分。碳酸盐矿物理性质变化范围大。颜色取决于化学组成中色素离子的种类和数量，多数呈无色或白色；含铜碳酸盐呈绿色或蓝色；含铁或稀土者呈褐色；含钴、锰者呈玫瑰红色；含钠呈黄色。玻璃或金刚光泽。泡碱（苏打）的密度 1.46～1.48 克／厘米^3，莫氏硬度 1.0～1.15，是碳酸盐矿物中密度和硬度最低者。含铋和含铅的碳酸盐矿物密度较大，其中泡铋矿的密度达 7.0～8.3 克／厘米^3。含稀土的碳酸盐矿物硬度较大，具有放射性和弱磁性，如氟碳钙锶矿的莫氏硬度可达 5.5。许多碳酸盐矿物具有多组完全解理和高重折率，这与络阴离子 $[CO_3^{2-}]$ 的存在和排布方式密切相关。碳酸盐矿物在盐酸和硝酸中，具有不同程度的溶解度，表现出不同强度的起泡现象。有些碱金属碳酸盐矿物，如泡碱、重碳钠盐、天然碱都易溶于水。

　　碳酸盐矿物主要形成于外生条件，少数产于内生和变质作用的地质体中。内生条件下，主要形成碱土金属和铁、锰的无水碳酸盐和含附加阴离子氟的稀土碳酸盐矿物。在岩浆分异和结晶晚期，由于 CO_2 的高度富集而形成碳酸岩，而碳酸盐岩是外生条件下沉积产物，能形成巨厚的沉积层。在碳酸盐矿物中，方解石、白云石是分布最广的两种矿物；孔雀石、蓝铜矿、菱锌矿、白铅矿几乎无例外地产于铜、铅、锌氧化带中。

　　碳酸盐矿物是重要的非金属矿物资源。在冶金、建筑、水泥、玻璃、塑料、橡胶、造纸、涂料、颜料、医药等领域都得到广泛应用；它还是提取铜、铅、锌、铁、镁、锰等金属、稀土放射性元素的矿物原料。

［一、方解石］

化学组成为 $Ca[CO_3]$，晶体属三方晶系的碳酸盐矿物。中文名称来自晶体的菱面体解理。宋代马志著《开宝本草》中有关于方解石的记载："敲破，块块方解，故以为名。"英文名称来自拉丁语 calx，意思是能"烧制石灰"。

方解石的晶体结构可由 NaCl 结构导出。设想将 Ca^{2+} 和 $[CO_3]^{2-}$ 分别置于 NaCl 结构的 Na 和 Cl 的位置上，再沿着 NaCl 结构的一个三次轴压扁，并使平面三角形状的 $[CO_3]^{2-}$ 都垂直三次轴排列，即成方解石的结构。方解石与文石是 $Ca[CO_3]$ 的同质二象变体，方解石晶体结构比文石晶体结构稳定。

方解石晶形多种多样，其品种之多是任何一种矿物所无法比拟的。也常形成多种接触双晶和聚片双晶。集合体形态有晶簇状、球状、纤维状、片状、土状、多孔状、钟乳状等。白色或无色，铁、锰等杂质的混入，被染成灰、黄、浅红、褐黑等各种颜色。透明无色的方解石称冰洲石。玻璃光泽。具有平行菱面体的完全解理。莫氏硬度 3.0。密度 2.6～2.9 克 / 厘米^3。遇冷稀盐酸剧烈起泡，放出二

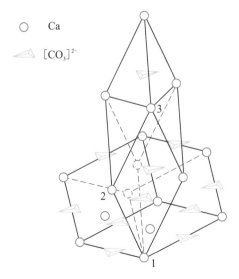

○　Ca

◁　$[CO_3]^{2-}$

方解石的晶体结构

花状方解石晶簇（广西）

氧化碳气体。方解石是分布最广的矿物之一。在海相沉积条件下，能大量堆积形成巨厚的石灰岩层。从矿泉中沉积形成石灰华。也常见于岩浆、热液等内生作用产物中。在风化过程中易被溶解，形成重碳酸钙进入溶液；在适宜条件下，随着二氧化碳的逸出，产生方解石的沉积，从而形成千姿百态的钟乳石、石笋、石柱等自然景观。方解石是组成石灰岩、大理岩的重要矿物组分。这些岩石已被广泛地应用于建筑、冶金、化工等部门。

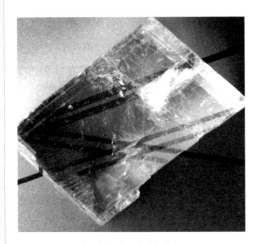

冰洲石的双折射现象

冰洲石　无色透明、结晶良好的方解石晶体。因首先发现于冰岛而得名。含杂质仅万分之几，即可使冰洲石染成带浅黄、浅蓝、玫瑰等色。冰洲石重要的光学性质是具有透明矿物中最高的双折射率和极好的偏光性能。在钠光下的常光和非常光折射率分别为：$n_o = 1.6584$，$n_e = 1.4864$，$n_o-n_e = 0.172$。透过冰洲石晶体能见到同一物体的两个像。由于波长为 210～370 纳米的紫外光能透过晶体，使其成为一种重要的光学材料。主要用于制造多种偏振光元件和激光元件，在无线电、星际航行、天体物理、遥感遥测、激光等领域得到广泛应用。在中国药典中，纯净冰洲石是一种矿物药，有解毒、止血之功效。

工业要求光学冰洲石的质量应是无色透明、无包裹、无裂隙、无双晶、无节瘤等缺陷；应是纯净的，使其在紫外线、阴极射线照射时不发荧光；晶体菱面体解理块的无缺陷部分应大于或等于 20 毫米 ×20 毫米 ×20 毫米，无缺陷的晶体越大越好。

优质冰洲石晶体主要产于玄武岩里的方解石脉或沸石脉中，其次产于碳酸盐岩石区的喀斯特溶洞或方解石脉中。冰岛是世界最主要的冰洲石产地，曾采到质量极好的冰洲石晶体，尺寸达 7 米 × 2 米。南非、墨西哥、美国、俄罗斯、挪威、英国也是世界冰洲石原料的重要供应地。中国冰洲石矿床较少，规模较大、质量较好的有内蒙古赤峰、桃李海，河北承德和贵州望漠麻山。

钟乳石　石钟乳、石笋、石柱的统称。是地球表面长期风化作用的产物，发育于石灰岩溶洞地区。当富含 $Ca[HCO_3]_2$ 的水溶液，从石灰岩洞顶渗出，随着压力降低、水分蒸发，使 $Ca[HCO_3]_2$ 溶液过饱和，方解石不断地在水滴出口处的周围沉积出来。人们将悬挂在洞顶、向下生长的一根根倒锥状碳酸钙质沉积物，称为石钟乳；从洞顶滴落在洞底的 $Ca[HCO_3]_2$ 水溶液，继续蒸发、沉积出向上生长的锥状碳酸钙质沉积物，外形似竹笋，称为石笋；当石钟乳与石笋都不断

石笋（中国贵州织金洞）

石钟乳（中国云南泸西阿卢姑洞）

生长、并连接起来，称为石柱。钟乳石内部常具有同心层状、放射状或致密粒状，表现出凝胶再结晶的特征。钟乳石除作为奇石供观赏外，还是一种中药材，在药典里又名石钟乳、钟乳、石花、石床、石脑等。据医书记载可用于肺气虚引起的咳嗽气喘等症。中国广西桂林、南宁，浙江杭州，贵州，北京等地岩溶地形发育，在十分壮观的石灰岩溶洞里形成千奇百怪的钟乳石，使其成为著名的旅游景观。

[二、菱铁矿]

化学成分为 $Fe[CO_3]$，晶体属三方晶系的碳酸盐矿物。英文名称来自希腊文 sideros，是"铁"的意思。FeO 含量达 62.01％，常含 Mn、Mg、Ca 类质同象混入物，形成锰菱铁矿、镁菱铁矿、钙菱铁矿变种。当大量聚集，而硫、磷等有害杂质 ≤ 0.4％时，可作为提炼铁的矿物原料。晶体呈菱面体状、短柱状或板状；

菱铁矿（6cm，巴西）

集合体通常呈粒状、致密块状，亦呈土状、结核状等。新鲜面呈灰白色或黄白色，风化后为暗褐色或褐黑色。莫氏硬度 3.5～4.0。密度 3.7～4.0 克／厘米³，随成分中镁、锰、钙含量的增多而降低。菱铁矿形成于还原环境，有热液和沉积两种成因。在热液矿床里，与铁白云石、磁黄铁矿和铜、铅、锌等金属硫化物共生；在黏土或煤层里，常有沉积型菱铁矿产出，呈层状或结核状，与鲕状赤铁矿、针铁矿、绿泥石等共生。在氧化条件下，易分解转变成针铁矿、纤铁矿、水赤铁矿；形成铁帽。中国吉林大栗子、湖南宁乡以及山西、川南一带煤系中，都有菱铁矿产出。世界著名产地有奥地利埃尔茨山、西班牙毕尔巴鄂、英国约克郡和达勒姆等。

［三、菱镁矿］

化学组成为 Mg[CO₃]，晶体属三方晶系的碳酸盐矿物。英文名称与化学组成中含镁（magnesium）有关。经常有铁替代镁，含 FeO 达 9％者，称铁菱镁矿。1960 年，在中国发现的河西石（hoshite），是一种富镍的菱镁矿新变种，又称镍菱镁矿（nickelmagnesite）。常呈粒状、致密块状集合体，有时呈肾状、钟乳状；凝胶状者称瓷菱镁矿。白色或灰白色，有时呈淡红色，含铁者呈浅黄至褐色；瓷状菱镁矿呈雪白色。玻璃光泽。三组完全解理。莫氏硬度 3.5～4.5。密度 2.9～3.1 克／厘米³。菱镁矿的工业价值在于其化学组成中的氧化镁具有很强的耐火性和黏结性，用途广泛。主要用于制作镁砖、铬镁砖、铝镁砖等高级耐火材料；具有高黏结性、高强度、可塑性大、凝固快的水泥和提炼金属镁。还用作医疗药剂，橡胶、造纸硫化过程的处理剂和填料；是制造塑料、人造纤维、特种玻璃、化妆品等的矿物原料；也用作媒染剂、去色剂、干燥剂、吸附剂、溶解剂、中和剂、铀加工的材料，饲料及农肥原料。金属镁是航天航空、人造卫星、导弹、雷达军工行业，机械制造、电子、化工等行业广被利用的重要金属。菱镁矿常由热液交代超基性岩、碳酸岩而成；超基性岩经强烈风化能形成瓷状菱镁矿。中国辽宁大石桥、海城等地菱镁矿，以其规模大、质量高闻名于世。俄罗斯乌拉尔的萨特卡、奥地利的法伊奇、斯洛伐克的科希策、希腊、塞尔维亚的贝尔格莱德和朝鲜都盛产菱镁矿。

[四、菱锰矿]

化学组成 Mn [CO$_3$]，晶体属三方晶系的碳酸盐矿物。英文名称源于希腊语 rose 和 color，是"淡粉红色"的意思。常有铁、钙、锌替代锰，形成铁菱锰矿、钙菱锰矿、锌菱锰矿变种。通常呈粒状、柱状或致密块状、结核状、土状等集合体。淡玫瑰红色、白色、黄色等，氧化表面呈褐黄至褐黑色。玻璃光泽。三组完全解理。莫氏硬度 3.5 ～ 4.5。密度 3.6 ～ 3.7 克 / 厘米^3。菱锰矿在沉积条件下，可形成大型层状矿床；也见于某些硫化物矿脉、热液交代和接触变质矿床里。与硫化物、锰的氧化物和硅酸盐矿物共生。中国贵州遵义、湖南湘潭、辽宁瓦房店等地锰矿床中，有大量菱锰矿产出。世界著名的产地有美国比尤特、奥斯汀，德国

菱锰矿（10cm，广东）

埃尔宾格罗德、英国威尔士等。菱锰矿是提炼金属锰的重要矿物原料，透明或半透明的优质玫瑰红色菱锰矿可作为工艺装饰品的原料。

[五、菱锌矿]

化学组成为 $Zn[CO_3]$，晶体属三方晶
系的碳酸盐矿物。以英国化学家和矿物学
家 J. 史密森的姓命名，以纪念他捐款创办的
研究所对菱锌矿的研究。常有铁、锰、铜等替
代锌，量多时形成铁菱锌矿、锰菱锌矿、铜

钟乳状菱锌矿（20cm，云南）

菱锌矿变种。完整晶形罕见，通常呈葡萄状、钟乳状、肾状、土状等集合体。纯
者白色，若含铁、锰、铜等杂质，则染成黄白色、黄色、淡绿色、淡褐色、淡红
色等。玻璃光泽。三组解理完全。莫氏硬度 4.25～5.0。密度 4.0～4.5 克 / 厘米³，
是铅锌矿床氧化带典型的次生矿物。大量聚集可作为提取金属锌的矿物原料。色
泽艳丽的，尤其是半透明的绿色和蓝色的菱锌矿，可用作工艺装饰原料。它还是
传统的中药材，称炉甘石，具有很好的生肌收敛、防腐的功效。世界著名菱锌矿
产地有纳米比亚楚梅布、希腊劳里厄姆、墨西哥北部地区等。中国云南兰坪、湖
南黄砂坪、广西泗顶、辽宁关门山等地也有产出。

[六、白云石]

化学组成为 $CaMg[CO_3]_2$，晶体属三方晶系的碳酸盐矿物。英文名称是为纪
念法国化学家和地质学家 D.de 多洛米厄（D.de Dolomieu）而得名。常有铁、锰、
钴、锌替代镁，铅、钠替代钙，有铁白云石、锰白云石、铅白云石等变种之称。
白云石的晶体结构与方解石的类似，不同在于白云石结构中，小半径的镁与大半
径钙原子沿着三次轴方向作有序地交替排列，其堆积的结果导致了白云石晶体结
构的对称性降低；而在含镁的方解石中，钙和镁的排列则是无序的。白云石常呈

白云石（14cm，湖南）

菱面体晶形，而且晶面常弯曲呈马鞍状。

聚片双晶常见。纯者为白色，含铁时呈灰色，铁白云石呈黄褐色，锰白云石呈玫瑰红色。玻璃光泽。三组解理完全。莫氏硬度 3.5 ～ 4.0。密度 2.85 ～ 3.2 克 / 厘米^3。遇冷稀盐酸时缓慢起泡。有的白云石在阴极射线照射下发橘红色光。白云石是组成白云岩和白云质灰岩的主要矿物成分。海相沉积成因的白云岩，常与菱铁矿层、石灰岩层呈互层状产出。在湖相沉积中，白云石与石膏、硬石膏、石盐、钾石盐等共生。热液成因的白云石除可从热液中直接结晶形成外，也可由含镁的热水溶液交代石灰岩或白云质灰岩而形成。在变质作用条件下白云石能被分解成水镁石 $[Mg(OH)_2]$ 或方镁石（MgO）。白云石为主组成的白云岩有广泛用途，主要用于冶金、化工、建筑和农业领域。白云岩质的碱性耐火材料是炼钢炉的炉衬、碱性平炉的炉底和炉坡的材料；白云岩是冶炼钢铁和优质铁锰合金、硅铁合金的熔剂和专用的炉料；也是提炼金属镁、镁化物，生产特种水泥，改造酸性土壤的矿物原料；还是生产玻璃和陶瓷的配料，橡胶、塑料、药物的填料；并用于生产钙镁磷肥和粒状化肥等。

[七、文石]

化学组成为 Ca [CO$_3$]，晶体属正交（斜方）晶系的碳酸盐矿物。英文名称来源于西班牙产地 Aragon，在此地首次发现文石假六方对称的三连晶。它与方解石成同质多象。晶体呈柱状或矛状，常形成双晶或三连晶，集合体多呈柱状、纤维状、钟乳状、皮壳状、鲕状、豆状、球粒状等。通常呈白色、黄白色或因杂质染成灰、浅绿等颜色。玻璃光泽，贝壳状断口上呈油脂光泽。具有不完全的板面解理。莫氏硬度为 3.5～4.5，密度为 2.9～3.0 克/厘米³。在自然界，文石不稳定，常转变为方解石。主要在外生条件下形成，常与方解石一起产于蛇纹石化超基性岩风化壳、硫化物矿床氧化带及石灰岩洞穴中。也见于低温热液矿床、间歇泉的沉积物

柱状文石（6cm，巴基斯坦）

中。在珍珠和软体动物贝壳内壁的珍珠层，就是由文石组成，但它是由生物有机作用所形成。

[八、碳钡矿]

化学组成为 BaCO$_3$，晶体属斜方晶系的碳酸盐矿物。又称碳酸钡矿、毒重石。英文名是为纪念英国植物学家、矿物学家 W. 威瑟灵，他首次论述碳钡矿与

碳钡矿（4cm，美国）

重晶石的差异。完整晶形少见，易形成假六方双锥状的三连晶。集合体呈致密块状、纤维状、柱状、球状、肾状、葡萄状。白色、灰色、浅黄褐色。玻璃光泽，断口油脂光泽。具中等的板面解理。莫氏硬度 3.0～3.5。密度 4.2～4.3 克/厘米^3。弱发光性。通常见于低温热液脉中，与重晶石、方解石共生；在外生条件下，重晶石经地表碳酸水溶液作用，也可形成碳钡矿。在自然界，碳钡矿是仅次于重晶石、而分布较为广泛的含钡矿物。是提取钡、制取钡化物的矿物原料，广泛用于化工、玻璃、陶瓷、焰火等行业。

［九、白铅矿］

化学组成为 $Pb[CO_3]$，晶体属三方晶系的碳酸盐矿物。英文名称来自拉丁文 cerussa，是"白铅"的意思。晶体呈板状、片状，常形成假六方对称的三连晶；集合体呈粒状、块状、钟乳状或土状。无色、白色或浅灰色，若含方铅矿微粒则呈黑色。玻璃至金刚光泽，断口呈油脂光泽。中等至不完全解理。莫氏硬度 3.0～3.75。密度 6.4～6.6 克/厘米^3。性脆。在阴极射线下，发浅蓝绿色荧光。遇盐酸起泡。白铅矿是在风化条件下，由方铅矿氧化成铅矾后，再经碳酸水溶液作用后而成的次生矿物。产于铅锌矿床氧化带，可作为找矿标志。常与磷氯铅矿、角铅矿、铬铅矿等共生；与方铅矿、闪锌矿、铅矾伴生。大量聚集，可作为铅矿石利用。在中国湖南、广东及西北干旱地区铅锌矿床氧化带中常见。

厚板状白铅矿（5 cm，非洲）

［十、孔雀石］

碳酸盐矿物，化学组成为 $Cu_2[CO_3](OH)_2$，晶体属单斜晶系。英文名称源于希腊文 moloche，意指孔雀石的颜色像锦葵属植物叶子的绿色。单晶呈柱状、针状、纤维状，但罕见。通常呈放射状、肾状、钟乳状、皮壳状、玫瑰花状、土状等集合体。中国古称土状孔雀石为石绿，当作一种矿物药。呈绿色或带有不同色调的条纹状绿色。玻璃光泽或丝绢

同心状孔雀石（2cm，广东）

光泽。解理完全。莫氏硬度 3.5～4.0。密度 3.7～4.0 克／厘米^3。遇盐酸起泡、易溶。孔雀石是含铜硫化物矿床氧化带典型的次生产物，常与蓝铜矿、自然铜、赤铜矿、辉铜矿、氯铜矿、褐铁矿等紧密共生；也常依蓝铜矿、赤铜矿、黄铜矿等矿物形成假像。是寻找原生铜矿的矿物标志。孔雀石含铜量 71.95%，大量聚集，可作为铜矿石，还可作为天然绿色颜料、工艺美术雕刻品、装饰品的材料。孔雀

石的颜色和条纹，是人们将它用作宝石的重要因素，由于它不够坚硬，不是耐用的宝石材料。俄罗斯乌拉尔的孔雀石闻名于世，其孔雀石块体可达 50吨。中国海南石碌、法国谢西、美国亚利桑那州和新墨西哥州等地也有大量产出。

[十一、蓝铜矿]

碳酸盐矿物，化学组成为 $Cu_3[CO_3]_2(OH)_2$，晶体属单斜晶系。中国古称石青。英文名称来自法语 azur，"天蓝色"的意思。晶体常呈柱状、厚板状，通常呈粒状、晶簇状、致密块状、皮壳状、土状等集合体。深蓝色，玻璃光泽。土状块体，呈浅蓝色，暗淡光泽。解理完全。莫氏硬度 $3.5\sim4.0$。密度 3.77 克／厘米^3。遇盐酸起泡、易溶。是含铜硫化物矿床氧化带的典型次生产物，与碳酸溶液作用于含铜硫化物有关。与孔雀石、赤铜矿、辉铜矿、黑铜矿及铜的硫酸盐、磷酸盐、褐铁矿等共生。可作为寻找原生铜矿的标志。由于蓝铜矿容易转变成孔雀石，其分布没有孔雀石广泛，而孔雀石常依蓝铜矿呈假像。蓝铜矿含铜量 69.24％，大量堆积可用作炼铜的矿物原料、天然蓝色颜料。

板柱状蓝铜矿（5cm，海南）

质纯色艳者，用作装饰工艺品。在俄罗斯乌拉尔、英国康沃尔、美国加利福尼亚、中国海南等地均有大量产出。

[十二、氟碳铈矿]

碳酸盐矿物，化学组成为 $(Ce, La, Nd)[CO_3]F$ 或 $Ce[CO_3]F$，晶体属六方晶系。英文名取自发现地瑞典西曼兰省的巴斯特纳。变种有含钇氟碳铈矿和含钍氟碳铈矿。晶体呈板状、柱状，集合体呈粒状、致密块状等。黄、浅绿、褐、棕等色。玻璃光泽或油脂光泽。条痕色淡黄。解理不完全。莫氏硬度 5.0 ~ 6.0。性脆。密度 4.72 ~ 5.12 克 / 厘米 ^{3}。常见于花岗岩、碱性花岗岩、碱性岩中；也产于热液矿床中，与萤石、重晶石等共生。广泛分布于中国内蒙古白云鄂博，四川冕宁，广西贺州、富川和钟山，山东微山以及辽宁赛马碱性杂岩体中。氟碳铈矿是最重要的稀土工业矿物之一。

[十三、水碱]

碳酸盐矿物，化学组成为 $Na_2[CO_3] \cdot H_2O$，晶体属正交（斜方）晶系的含水。英文名称来自希腊语 heat，并和泡碱（natron）有关，因加热泡碱（$Na_2[CO_3] \cdot 10H_2O$）时，能在自身所含的结晶水中溶解、析出水碱。晶体呈板状；常呈粉末状和皮壳状集合体。白色或被杂质染成黄色、灰色。玻璃光泽。莫氏硬度 1.0 ~ 1.5。密度 2.25 ~ 2.55 克 / 厘米 ^{3}。解理不完全。在常压和温度超过 35.5℃ 的条件下，能从纯碱溶液中析出，其结晶温度将随其他可溶性盐的存在而降低。多数水碱产于碱湖区的表面或碱湖区附近地表风化土壤里，呈粉末状或皮壳状。中国新疆哈密县的黄芦岗碱矿、青海都兰县的宗家巴隆碱矿、内蒙古额济纳旗的古尔乃碱矿等地有大量水碱产出。常与泡碱、天然碱伴生。也产于一些干旱区土壤和火山喷气升华物中。

[十四、泡碱]

化学组成为 $Na_2[CO_3] \cdot 10H_2O$，晶体属单斜晶系的含水碳酸盐矿物。英文名称来自希腊语 nitron。又称苏打。晶体呈板状，通常呈粒状、皮壳状或致密块状。白色、灰色或浅黄色。玻璃光泽。莫氏硬度 1.0～1.5。密度 1.46～1.48 克/厘米³。解理完全。在空气中，水分很快丢失，分解成白色粉末状水碱。泡碱主要产于现代内陆湖泊，在冬季从卤水中结晶而成，常与天然碱、水碱共（伴）生。中国主要产于新疆、内蒙古、吉林，其中较闻名的产地有内蒙古锡林郭勒盟的查干诺尔、鄂尔多斯市乌审旗的哈同查汗淖等。泡碱是主要的化工原料之一，在化工、冶金等部门得到广泛应用，用于制作肥皂、纸浆、玻璃、染料等。

［十五、天然碱］

晶体属单斜晶系的含水碳酸盐矿物，化学组成为 $Na_3H[CO_3]_2 \cdot 2H_2O$。英文名来自阿拉伯语。俗称苏打灰、盐饼。晶体呈板状、板柱状；集合体呈板状、纤维状、放射状或块状。白色、灰白或黄白色。玻璃光泽。莫氏硬度 2.5～3.0。密度 2.11～2.14 克/厘米³。解理完全。在干燥空气中不分解。易溶于水，溶解时沸腾并带有酸味和碱味。遇无机酸剧烈起泡。天然碱是内陆盐湖蒸发、沉积而成，多为现代碱湖的产物。第三纪形成的古碱矿床，只在美国、中国等少数几个国家里发现。世界著名产地有美国加利福尼亚州的西尔斯湖区，怀俄明州、犹他州和科罗拉多州交界处的绿河盆地；肯尼亚南部的马加迪湖等。中国主要产地有内蒙古的查干诺尔、哈同察汗淖、白彦淖和乌都淖，青海的宗家巴隆、新疆的黄芦岗、河南的吴城和安棚等碱矿。天然碱是制碱工业的重要矿物原料，主要用于制取纯碱、烧碱、小苏打等；它是化工、冶金、橡胶、玻璃、造纸、纺织、制革、肥皂、食品、医药等工业的原料。

第二章 硫酸盐矿物

　　金属阳离子与络阴离子 $[SO_4]^{2-}$ 结合而成的一种盐类矿物。有些矿物含有 (OH)、(CO_3)、O、F、Cl 等附加阴离子和水分子。已知硫酸盐矿物总数有 180 余种,一些主要矿物特征见表。主要阳离子是铁、钾、钠、钙、镁、铝、铜,其次是锰、铅、锌、钡、锶等。硫酸盐矿物在自然界分布不广,但石膏、硬石膏、重晶石、天青石、明矾石、芒硝、泻利盐等矿物,能富集形成有工业价值的矿床;是建材、化工、陶瓷、玻璃、环保等工业重要的矿物原料。$[SO_4]^{2-}$ 络阴离子团是硫酸盐矿物晶体结构中的基本组成单位,它的排列方式对晶体某些物理性质,尤其是解理的方向和完全程度影响很大。而矿物的颜色、折射率、硬度、密度等性质,则与阳离子的类别密切相关。硫酸盐矿物的对称程度较低,多数属单斜、斜方晶系,其次是三方晶系,其他晶系较少。晶体呈板状、粒状、块状或纤维状等。无色或白色,含铁、铜者呈黄褐色或蓝绿色,含锰、钴者呈红色。玻璃光泽或金刚光泽。莫氏硬度一般为 2.0～3.5。密度变化大,芒硝 1.49 克 / 厘米³(最小),汞矾 8.18 克 / 厘米³(最大),大多数矿物密度在 2.0～4.5 克 / 厘米³ 范围内。多数矿物易溶于水。明矾石、块铜矾还具有热电性。硫酸盐矿物主要在表生条件下形成，其次是热液和火山作用的产物。除重晶石、天青石、硬石膏、铅矾等少数无水硫酸盐矿物能富集于热液矿床外，绝大多数硫酸盐矿物是由硫化物氧化而成，产于硫化矿床氧化带或沉积于水盆地里。硫酸盐矿物是在比较氧化的条件下形成，而在时空上与碳酸盐、卤化物矿物有密切联系，一般是在钙、镁碳酸盐沉积之后，卤化物矿物沉积之前沉积。在意大利维苏威火山喷发升华物中，有铜靛石（$Cu[SO_4]$）与褐铜矾（$Cu[SO_4]O$）产出。

硫酸盐矿物的特征

矿物名称及化学组成	晶系	形态	颜色	密度 (g/cm³)	解理	其他
硬石膏 $Ca[SO_4]$	斜方	厚板、块状	白、淡红	2.8～3.0	完全	不溶于水
重晶石 $(Ba, Sr)[SO_4]$	斜方	厚板、粒状	无、白色	4.3～4.5	完全	染火焰成黄绿色
天青石 $(Sr, Ba)[SO_4]$	斜方	板柱、粒状	天蓝色	3.9～4.0	完全	染火焰成深紫红色
铅矾 $Pb[SO_4]$	斜方	板、粒块状	白、浅黄	6.1～6.4	中等	发荧光、性脆
明矾石 $KAl_3[SO_4]_2(OH)_6$	三方	粒、块状	白、灰白	2.6～2.8	中等	不溶于水、热电性
黄钾铁矾 $KFe_3[SO_4]_2(OH)_6$	三方	块、土状	赭黄色	2.91～3.26	中等	不溶于水
胆矾 $Cu(H_2O)_5[SO_4]$	三斜	短柱、板状	天蓝、蓝	2.1～2.3	不完全	易溶于水
泻利盐 $Mg(H_2O)_7[SO_4]_3$	斜方	针、土块状	白、淡绿	1.68～1.75	完全	味苦咸、易溶于水
芒硝 $Na_2(H_2O)_{10}[SO_4]$	单斜	短柱、针状	无、黄白	1.49	完全	味稍咸、易溶于水
石膏 $Ca(H_2O)_2[SO_4]$	单斜	板、纤维状	白、浅灰	2.3	极完全	微溶于水
无水芒硝 $Na_2[SO_4]$	斜方	板柱、粒状	无、灰白	2.7	完全	易溶于水、味微咸
杂卤石 $K_2Ca_2Mg(H_2O)_2[SO_4]_4$	三斜	柱、纤维状	无、灰色	2.72～2.78	完全	微苦、微吸水性
水绿矾 $Fe(H_2O)_7[SO_4]$	斜方	短、厚板	绿、蓝色	1.90	完全	涩后甜、易溶于水

［一、铅矾］

化学组成为 $Pb[SO_4]$，晶体属正交（斜方）晶系的硫酸盐矿物。英文名称取自发现此矿物的威尔士岛安格尔西（Anglesey）。含 PbO 达 73.6％，大量聚集时，可作为铅矿石资源。晶体呈板状、短柱状和纤维状；集合体为致密块状、粒状、

铅矾（2cm，奥地利）

钟乳状、结核状和皮壳状，残余的方铅矿常包裹在内。纯者无色或白色，常被杂质染成灰、黄、绿、褐等色调；含较多未分解或残余方铅矿显微包体的铅矾呈灰黑色。金刚光泽。莫氏硬度 2.5～3.0。密度 6.1～6.4 克/厘米^3。解理中等至不完全。性脆。紫外光下发荧光。主要由方铅矿氧化而成，产于铅锌矿床氧化带；在地表碳酸水溶液的作用下，进一步氧化变成白铅矿。所以铅矾常与方铅矿、白铅矿及其他风化过程的产物自然硫、石膏、黄钾铁矾等伴（共）生。

［二、重晶石］

化学组成为 $Ba[SO_4]$，晶体属斜方晶系的硫酸盐矿物。英文名称来自希腊文 barys，是"重"的意思。常有锶、铅、钙类质同象替代钡。富铅的重晶石变种，称铅重晶石，因产于中国台湾北投温泉，又称北投石。晶体呈厚板状、柱状。集合体为粒、致密块状、纤维状、钟乳状、结核状、土状等。纯净晶体无色或白色，常被铁质、泥质物或有机物等杂质染成浅灰、淡蓝、浅黄、粉红、棕褐等色。玻璃光泽，解理面显珍珠光泽。莫氏硬度 3.0～3.5。密度 4.3～4.5 克/厘米^3。

铅重晶石（北投石） （2.5cm，台湾）

解理完全或中等。性脆。不溶于水、弱酸和有机溶液。抗辐射伤害性能好。有些变种具有热光性和磷光。重晶石主要在热液和沉积条件下形成，因其化学性能稳定，能形成残积型重晶石砂矿床。热液脉型矿床中的重晶石，常与萤石、石英、毒重石（碳酸钡矿）和金属硫化物共生。沉积型重晶石矿床规模大，常与黏土矿物、黄铁矿、闪锌矿等硫化物共生。中国主要重晶石产地有广西象州县圣母岭、来宾古潭，陕西安康石梯，湖北随州市柳林，湖南新晃贡溪，福建永安李坊，贵州修文三角山，重庆酉阳等。世界著名产地有美国密苏里州和阿肯色州，俄罗斯乌拉尔山矿床，格鲁吉亚库塔伊西，德国威斯特法伦州等。重晶石有广泛用途，大量用于油气井钻探的泥浆加重剂，橡胶、塑料、纸张、布匹、油漆的填料和填充剂。重晶石含BaO 达 65.70 %，是重要的提炼金属钡和制取碳酸钡、硫酸钡、氯化钡、氢氧化钡、钛酸钡、锌钡白等钡的化合物的矿物原料。这些钡的化合物广泛用于海水净化、润滑油添加剂、电视显像管的辐射滤材，还用作提高玻璃折射指数、硬度、抗腐蚀性和提高陶瓷品光泽、改善耐磨损等性能的化工矿物材料。

［三、天青石］

化学组成为 $Sr[SO_4]$，晶体属正交（斜方）晶系的硫酸盐矿物。英文名称来自拉丁文 caelestis，意指"天空"，是根据一些天青石呈天蓝色而得名。常有钡、钙类质同象替代锶，形成钡天青石、钙天青石变种。天青石与菱锶矿是自然界中主要的含锶矿物，也是仅有的、具有工业意义的两种锶矿物。天青石许多特征与重晶石相似。晶体呈板状、柱状，集合体呈粒状、块状、纤维状、放射状、钟乳状、结核状等。在美国俄亥俄州产出的天青石单晶体尺寸达50厘米。天青石有白色、浅黄、浅灰或天蓝色。玻璃光泽，解理面显珍珠光泽。莫氏硬度3.0～3.5。密度3.9～4.0克/厘米^3。解理完全或中等。染火焰深紫红色，可借以与重晶石相区别（重晶石染焰色为黄绿色）。有些变种在紫外光照射下发荧光。天青石主要产于沉积岩中，呈结核状、层状或浸染状，与石膏、碳酸盐矿物等共生。也见于热液脉，与萤石、重晶石、方解石、方铅矿、闪锌矿等硫化物共生；或由淋滤作用充填于石灰岩晶洞或裂隙里。中国主要的天青石产地有江苏溧水，云南金顶，湖南浏阳，陕西宁强，四川合川、大足等。世界著名产地有美国加利福尼亚州伯纳迪诺、亚利桑那州瓦尔彻，墨西哥谢拉莫哈达，英国布里斯托尔等。天青石含 SrO 56.42 %，是提炼锶和制取碳酸锶、铬酸锶、钛酸锶、氯化锶、氢氧化锶、氟化锶等锶化合物的主要的矿物原料。天青石粉及锶的化合物用于制造特殊玻璃（电

天青石柱状晶体（7cm，云南）

视显像管玻璃等）、玻璃纤维、特殊的珐琅和瓷釉、红色烟火及信号弹、火箭燃料、防腐性颜料、脱敏牙膏、干燥剂等的原料。

［四、石膏］

化学组成为 $Ca[SO_4]\cdot 2H_2O$，晶体属单斜晶系的含水硫酸盐矿物。又称二水石膏或生石膏。在中国药典中又有细理石、冰石、软石膏、寒水石、玄精石等之称。英文名称来自希腊文 gypsos；但源于阿拉伯语 jibs，意思是"涂墙的灰浆或熟石灰"。

石膏（8cm，阿尔及利亚）

通常根据形态、物性或组成特征取不同名称：如纤维状石膏集合体，称纤维石膏；白色透明、细粒状石膏块体，称雪花石膏；无色透明石膏晶体，称透石膏；含少量泥质碳酸盐矿物、呈浅灰色的石膏，称普通石膏；含较多黏土矿物、呈土状集合体，称泥质石膏。晶体呈板状、粒状、纤维状；燕尾状双晶很常见。集合体多呈致密块状、纤维状、土状等。无色或白色，常因杂质染成灰黄、褐红等色。玻璃光泽，解理面显珍珠光泽、纤维石膏显丝绢光泽。莫氏硬度 1.5～2.0。密度 2.3 克/厘米³。性脆。解理极完全至完全。解理薄片具挠性。不溶于水。煅烧石膏时，随着温度升高、逐渐脱水会导致新物相产生和性能的改变。当温度升高到 100～200℃时，转变成半水石膏，即熟石膏（$CaSO_4\cdot 0.5H_2O$），它具有很强的活性和凝结力。加热到 200～400℃时，转变为易溶的硬石膏，它能强烈吸收空气中的水分变成半水石膏；掺水后，很快凝结、但强度极小。继续加热到 600～800℃，变成不溶的硬石膏，当加入少量石灰或粒化高炉矿渣作催化剂，则可成为强度高的硬石膏胶结料。加热到 900～1000℃时，不仅全部脱水、部分硫酸钙还分解成氧化钙，形成煅烧石膏（又称水硬性石膏），它具有抗水性、强度高的性能，是理想的凝结材料。

石膏有广泛的用途，大量用于建材工业，其次是农业、化工和轻工行业。未煅烧石膏主要用作硅酸盐水泥的缓凝剂、土壤改良的调节剂、农用肥料；纸张、油漆、橡胶、塑料、日用化工、纺织品的填料；而煅烧石膏可用作石膏板（轻质墙体材料）和灰泥（建筑胶结材料）。在中国，石膏是常用的矿物药之一，中医认为石膏味甘而辛，甘能缓脾益气、止渴去火，辛能解肌发汗。

石膏是分布极广的矿物，主要在沉积和风化条件下形成，少数见于热液形成的硫化物矿床里。在海盆和湖盆里形成的石膏，是由卤水蒸发或由硬石膏水化而成；与硬石膏、石盐等共生。呈层状或透镜体状于石灰岩、红色页岩、泥灰岩、砂质黏土岩层的层间。硫化物矿床氧化带的石膏，主要是硫化物变来的。早期形成的石膏、硬石膏矿床，受化学风化后，在围岩裂隙或洞穴里，形成次生的裂隙充填型或溶洞型石膏矿床。中国石膏矿床类型多、分布广、储量居世界首位。著名产地有湖北应城和云梦，山西太原、大同、平陆，湖南湘潭、澧县和邵东，辽宁辽阳和本溪等。世界其他著名石膏矿床产地是美国得克萨斯州、纽约州和密歇根州，加拿大新斯科舍省、不列颠哥伦比亚省，法国巴黎盆地，白俄罗斯布里涅夫，波兰克拉科夫，奥地利萨尔茨堡，德国北部地区等。

[五、硬石膏]

化学组成为 $Ca[SO_4]$，晶体属正交（斜方）晶系的硫酸盐矿物。英文名称来自希腊文 anhydros，"无水"之意，是与石膏（含水）成分相比而得名。晶体呈厚板状，常呈致密块状、粒状、纤维状集合体。纯净者为无色或白色，常被杂质染成灰白色或带浅红、浅蓝等色调。玻璃光泽，解理面显珍珠光泽。莫氏硬度 3.0～3.5。密度 2.8～3.0 克/厘米³。解理完全至中等，三组解理相互垂直。难溶于水。硬石膏在自然界分布广，也是盐矿床中重要的矿物之一。主要通过化学沉积作用，由含盐卤水蒸发形成巨型矿床；也可呈脉状充填于石灰岩或盐类矿层的裂隙中；还可作为次生矿物，由石膏脱水而成。硬石膏也容易水化转变成石膏。硬石膏常与石膏、碳酸盐矿物、黏土矿物和一些卤化物共生。在热液矿床和硫化物矿床氧化带有少量硬石膏产出，与金属硫化物或一些赭石类矿物共（伴）生。中国主要产地有江苏南京周村、湖北大冶金山店、安徽马鞍山向山和庐江罗河、吉林通化东热等。世界著名产地有德国施塔斯富特，美国得克萨斯州、新墨西哥州和路易斯安那州，奥地利布莱堡，波兰克拉科夫附近维利奇卡，巴基斯坦旁遮普省，瑞士贝城等。硬石膏最主要

硬石膏（8cm，墨西哥）

用于制造隔墙板等轻质建筑材料、人造大理石、硬石膏水泥等，也用于生产硫酸、化肥。

[六、胆矾]

化学组成为 $Cu[SO_4] \cdot 5H_2O$，晶体属三斜晶系的含水硫酸盐矿物。中国古籍中又称为石胆、蓝矾、云胆矾。晶体呈板状或短柱状，集合体常呈粒状、致密块状，也呈纤维状、钟乳状或皮壳状。蓝色或天蓝色。玻璃光泽。莫氏硬度2.5。密度2.1～2.3克/厘米^3。解理不完全。性脆。味苦而涩。极易溶于水。胆矾是典型的次生矿物，属含铜硫化物氧化分解的产物。常见于干燥地区含铜硫化物矿

床氧化带，有些铜矿床古坑道壁上也有少量产出。大量聚集可用作颜料及印染、电池、木材防腐等方面的化工原料。胆矾是一种矿物药，具有催吐、化痰消积的作用，还可用作杀虫剂或掺入牲畜饲料作药剂用。智利的丘基卡马特、克特纳和科珀基雷为世界著名产地。

胆矾（5cm，广东）

［七、黄钾铁矾］

硫酸盐矿物，化学组成为 $KFe_3[SO_4]_2(OH)_6$，晶体属三方晶系。常有钠类质同象替代钾，钠端元矿物 $NaFe_3[SO_4]_2(OH)_6$ 称钠铁矾。单晶体呈厚板状或假菱面体状，细小而罕见。集合体呈土状、致密块状、皮壳状、结核状等。赭黄色至深褐色。玻璃光泽。莫氏硬度2.5～3.5。密度2.91～3.26克/厘米^3。解理中等。不溶于水。黄钾铁矾是干燥地区硫化物矿床氧化带中广泛分布的一种次生矿物。主要由黄铁矿氧化分解而成；进一步水解形成氢氧化铁，与褐铁矿伴生。中国祁连山地区金属硫化物矿床氧化带中，有大量黄铁钾矾产出。煅烧黄钾铁矾可用作研磨粉的矿物原料。

［八、芒硝］

含水硫酸盐矿物，化学组成为 $Na_2(H_2O)_{10}[SO_4]$，晶体属单斜晶系。英文名称来自拉丁文 mirabile，是"奇怪"的意思，以示德国化学家 J.R. 格鲁勃用硫酸和食盐合成出这化合物时的惊奇心情，又名格鲁勃盐。芒硝在矿物学中是一个矿物种的名称；但在工业上，"芒硝"是指能从其中提取硫酸钠的一组矿物，包括芒硝、无水芒硝、钙芒硝和白钠镁矾，它们都是制取硫酸钠（又称元明粉）、硫酸铵、硫酸、硫化钠和硅酸钠等重要矿物原料。广泛用于制造染料、纸浆、玻璃、水玻璃、药品、橡胶、洗涤剂等工业部门。在中国药典中，芒硝具有清热泻火、通便散结的功能，有芒消、朴消、盐消、皮消、土消、马牙消等异名（因芒硝见水即溶、又能消化诸物，其异名又与芒硝的产地或形态有关）。芒硝晶体呈短柱状或针状；集合体常呈致密块状、纤维状、被膜状、皮壳状等。无色透明，有时呈浅黄、浅蓝、浅绿等色。玻璃光泽。莫氏硬度 1.5 ～ 2.0。密度 1.49 克 / 厘米³。解理完全。性脆。味凉而苦咸。极易溶于水；在干燥空气中，逐渐失水转变成白色粉末状无水芒硝。芒硝是典型的化学沉积物，主要产于现代干涸盐湖中，与石盐、石膏、无水芒硝、泻利盐等矿物共生；在古代盐湖中，芒硝很少单独形成矿床，常与钙芒硝矿层相伴产出。中国芒硝资源极为丰富，著名产地有山西运城、新疆哈密七角井和艾丁湖、青海柴达木盆地大柴旦、内蒙古苏尼特右旗查干诺尔。美国西尔斯湖和大盐湖、土库曼斯坦的卡拉博加兹戈尔海湾、墨西哥科阿韦拉等地的芒硝矿床也闻名于世。

［九、明矾石］

硫酸盐矿物，化学组成为 $KAl_3[SO_4]_2(OH)_6$，晶体属三方晶系。英文名称来自拉丁文 alum，是"明矾"的意思。成分中钾常被钠替代，钠含量超过钾时称钠明矾石（natroalunite, $NaAl_3[SO_4]_2(OH)_6$）。晶体细小，呈厚板状或假立方体状，但较为少见；常呈块状、粒状、叶片状、土状、结核状等集合体。纯者为白色，常被染成浅灰、浅黄、浅红等色调。玻璃光泽，解理面呈珍珠光泽，断口显油脂光

《中国大百科全书》普及版 ◎ 五光十色——含氧盐矿物家族

wuguangshise hanyangyankuangwujiazu

泽。底面 {0,001} 解理中等。莫氏硬度 3.5 ～ 4.0。密度 2.6 ～ 2.8 克 / 厘米³。性脆。

有热电效应。不溶于水，几乎不溶于盐酸、硝酸、氢氟酸和氨水，溶于强碱、热

浓硫酸。明矾石主要由含硫酸的低温溶液作用于中酸性火山岩蚀变而成，与石英、叶蜡石、绢云母、高岭石等共生；也产于硫化矿床氧化带，呈脉状、网脉状充填裂隙或呈皮壳状附着岩石表面。中国明矾石资源，在储量和质量方面都闻名于世。著名产地有浙江苍南矾山（有"矾都"之誉称）及瑞安仙岩、萧山岩山、平阳下山，安徽庐江大矾山，福建泰宁峨嵋，甘肃白银厂等。世界其他主要产

明矾石（4.5cm，台湾）

地有乌兹别克斯坦的绍尔苏，美国犹他州的马里斯维尔；此外，意大利、西班牙、法国、英国、希腊、德国等都有产出。明矾石主要用于制取明矾、硫酸铝、三氧化二铝、硫酸和钾肥；还用作净水剂、感光材料的硬膜剂、皮革的鞣剂等。广泛应用于环保、食品加工、医药、染料、造纸、皮革等行业。

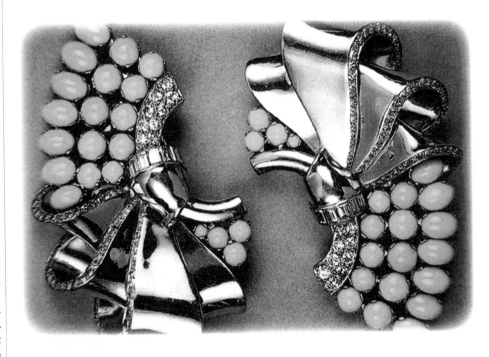

第三章　磷酸盐矿物

金属阳离子与磷酸根 $[PO_4]^{3-}$ 化合而成的盐类矿物。金属阳离子主要是钙、铝、铁、铜、铅、稀土和铀酰 $[UO_2]^{2+}$ 等；阴离子除 $[PO_4]^{3-}$ 外，常有附加阴离子 $(OH)^{1-}$、F^{1-}、Cl^{1-} 等。大多数磷酸盐矿物都含有水分子，含 $[UO_2]^{2+}$ 的磷酸盐矿物都是含水化合物。已发现的磷酸盐矿物有 200 余种，除磷灰石、独居石等少数矿物在自然界分布较广外，其他矿物都很少见。常见的磷酸盐矿物见表。类质同象替代广泛，化学成分复杂。使多数矿物对称程度低，大多数矿物结晶成单斜晶系和正交晶系；属其他晶系的极少，其中仅有几种矿物属等轴晶系对称。物理性质变化较大，无水磷酸盐矿物硬度高于含水磷酸盐矿物，最高硬度没超过莫氏硬度 6.5。多数矿物解理发育程度为完全或中等。大多数磷酸盐矿物是外生成因，少数矿物（磷灰石、磷钇矿、独居石等）生成于内生条件和变质条件。是制取磷酸、磷盐、磷肥，提取稀土、放射性元素的矿物原料；色泽艳丽的某些矿物可作为宝玉石的材料。

常见磷酸盐矿物特征

矿物名称及化学组成	晶系	形态	颜色	莫氏硬度	密度(g/cm³)	解理
独居石 (Ce, La, TR) [PO₄] 又称磷铈镧矿	单斜	板状	棕红、黄绿色	5～5.5	4.9～5.5	完全
磷灰石 Ca₅[PO₄]₃(OH, F)	六方	短柱、厚板状	无色、浅绿等	5	3.18～3.22	不完全
氯磷灰石 Ca₅[PO₄]₃Cl	单斜	柱状	淡黄、粉红等	5	3.10～3.20	不完全
磷钇矿 Y[PO₄]	四方	短柱状	黄绿、红褐等	4.5	4.4～5.1	中等
绿松石 Cu(Al, Fe)₆[PO₄]₄(OH)₈·4H₂O	三斜	短柱、块状	鲜绿、蓝绿等	5～6	2.6～2.8	完全
银星石 Al₃[PO₄]₂(OH)₃·5H₂O	正交	柱、球、放射状	黄绿、黄褐等	3.5～4	2.3～2.5	完全
光彩石 Al₂[PO₄](OH)₃	单斜	厚板、柱、针状	白、浅黄色等	5～5.5	2.70	完全
铜铀云母 Cu[UO₂]₂[PO₄]·12H₂O	四方	板状、短柱状	姜黄、黄绿色	2～2.5	3.22～3.60	完全
钙铀云母 Cu[UO₂]₂[PO₄]₂·10～12H₂O	四方	板、片、鳞片状	浅黄、浅绿色	2～2.5	3.05～3.20	完全
蓝铁矿 Fe₃[PO₄]₂·8H₂O	单斜	柱状、放射状	无色、暗蓝等	1.5～2.0	2.68	完全

［一、独居石］

化学成分为(Ce, La, Th)[PO₄]，晶体属单斜晶系的磷酸盐矿物。又名磷铈镧矿。英文名称源于希腊文 monazein，是"独居"的意思，因为在地质体里，它常以完好的单晶出现。成分中含 $Ce_2O_3$34.99 %、$La_2O_3$34.74 %，常有钍、铀、钙、硅等混入。是提取稀土元素的重要矿物原料。晶体呈板状或柱状。棕红色、黄褐色、黄色或黄绿色。油脂光泽。解理完全。莫氏硬度 5.0～5.5。密度 4.9～5.5 克/厘米³。化学性质稳定。独居石是酸性岩和变质岩的特征副矿物，常见于花岗岩、正长岩、片麻岩和花岗伟晶岩中，亦产于与花岗岩有关的热液矿床中。粗粒独居石晶体见

独居石 （0.6cm，美国）

于伟晶岩中。在次生、风化作用条件下，独居石会富集、形成有工业价值的砂矿床。与锆石、磷灰石、磷钇矿、铌铁矿等矿物伴生。中国广西、内蒙古、新疆、江西、广东和陕西等地具有丰富的独居石矿产资源。澳大利亚的独居石精矿产量居世界首位，其次是巴西、印度、马来西亚。著名产地有澳大利亚新南威尔士州、印度喀拉拉邦，巴西圣埃斯皮里图州、巴伊亚州等。

[二、磷灰石]

磷酸盐矿物，化学成分为 $Ca_5[PO_4]_3(F, Cl, OH)$。晶体属六方晶系。英文名称来自希腊文 apate，是"欺骗"的意思；因为鉴定时，它很容易与其他类似矿物混淆。根据附加阴离子的种类和数量，磷灰石可分为氟磷灰石 $Ca_5[PO_4]_3F$、氯磷灰石 $Ca_5[PO_4]_3Cl$、羟磷灰石 $Ca_5[PO_4]_3(OH)$ 亚种。碳磷灰石 $Ca_5[PO_4, CO_3, OH]_3(F,OH)$ 是成分中含有碳酸根和少量水为特征的磷灰石。当钙被锶、铈、锰等元素替代，并达到一定含量时，则为锶磷灰石、铈磷灰石、锶铈磷灰石、锰磷灰石等变种。其中分布最广的还是氟磷灰石。磷灰石 P_2O_5 含量达 41.36％，常含少量锶、铈等稀有元素和稀土元素，所以是提取磷，回收稀土元素、稀有元素的矿物原料。磷灰石晶体常见，主要呈柱状、厚板状；集合体呈粒状、致密块状、结核状。胶状变种称胶磷矿。磷灰石常呈浅绿、黄绿、褐黄色；有时呈蓝绿色、紫红色。玻璃光泽。解理不完全。莫氏硬度 5.0。密度 3.18 ～ 3.22 克 / 厘米 ^{3}。加热发磷光。磷灰石是地壳中分布最广的磷酸盐矿物。常作为副矿物产于各种火成岩中，有时高度富集形成有经济价值的磷矿床。如俄罗斯科拉半岛的希宾磷灰石矿，就是产于碱性岩而闻名于世的磷矿。磷灰石也是典型的伟晶岩和热液脉型矿物，常有宝石级晶体产出。规模巨大的磷矿床多属浅海沉积和沉积变质成因，并以胶磷矿为主。中国主要产地有贵州遵义和开阳、湖北宜昌、云南昆阳、河北丰宁、黑龙江鸡西、江苏海州等。世界著名产地有阿尔及利亚的安纳巴省，摩洛哥的胡里卜盖和优素菲耶，俄罗斯科拉半岛等。位于太平洋中西部的瑙鲁岛和圣诞岛、智利沿岸的一些岛屿、中国南海西沙群岛的鸟粪磷矿，属生物化学作用的产物，主要是由羟磷灰石组成的一种特殊类型的磷矿。在缅甸、斯里兰卡、美国、墨西哥和印度都有宝石级磷灰石晶体产出。

柱状磷灰石（4cm，俄罗斯）

［三、铜铀云母］

铜铀云母（1.7cm，法国）

晶体属四方晶系的磷酸盐矿物，化学组成为 $Cu(UO_2)_2[PO_4]_2 \cdot 12H_2O$。英文名称是为纪念瑞典化学家和矿物学家 T.O. 贝格曼（Torbern Olof Bergman）而取。晶体呈薄板或厚板状；集合体呈晶簇状、鳞片状、皮壳状等。翠绿至草绿色，有时为苹果绿色。条痕浅绿色。玻璃光泽，解理面呈珍珠光泽。解理完全。莫氏硬度 2.0～2.5。性脆。密度 3.22～3.60 克/厘米^3。在紫外线照射下不发荧光。产于铀矿床氧化带，是常见的表生铀矿物之一，常与钙铀云母、硅钙铀矿、孔雀石、蓝铜矿等共生。是很好的寻找原生铀矿的矿物标志。大量堆集可用作铀矿石开采。

［四、钙铀云母］

磷酸盐矿物，化学组成为 $Ca(UO_2)_2[PO_4]_2 \cdot 10～12H_2O$，晶体属四方晶系。英文名称取自发现地法国的欧坦（Autun）。晶体呈板状或片状，集合体呈鳞片状、页片状、晶簇状等。柠檬黄色至硫磺色；有时带绿色调，呈浅绿黄或浅黄绿色。玻璃光泽。解理完全，解理面呈珍珠光泽。莫氏硬度 2.0～2.5。性脆。密度 3.05～3.20 克/厘米^3。在紫外线照射下，发淡黄绿色强荧光。钙铀云母适

《中国大百科全书》普及版 · 五光十色——含氧盐矿物家族

wuguangshise hanyangyankuangwujiazu

存于常温潮湿环境，在干燥或加温条件下，会迅速脱水，同时转变成准钙铀云母。随脱水量增大，颜色变成浅灰绿色、透明度降低、荧光减弱或消失。产于铀矿床氧化带或泥煤中，是最常见的表生铀矿物之一，具有重要的找矿意义；有时也大量堆积，形成淋积矿床，用作铀矿石。

片状钙铀云母（5cm，法国）

第四章 硼酸盐矿物

　　金属阳离子与硼酸根结合的化合物。主要的阳离子有镁、铁、钙、钠、锰等；阴离子除 $[BO_3]^{3-}$、$[BO_4]^{5-}$、$[B_2O_5]^{4-}$ 等硼络阴离子外，还含有一系列附加阴离子。许多矿物含结晶水。

　　硼酸盐矿物结构与碳酸盐、硅酸盐有相似之处，表现在硼酸盐中的硼离子处于氧构成的平面三角形或四面体的配位多面体中，键合形成 $[BO_3]^{3-}$、$[BO_4]^{5-}$；氢氧根对氧的替代，则形成 $[B(OH)_4]^{1-}$、$[B(O,OH)_3]^{3-}$、$[B(O,OH)_4]^{5-}$ 等络阴离子团；$[BO_3]^{3-}$、$[BO_4]^{5-}$ 作为硼酸盐结构的基本组成单位，可独立地或二者各自连成双三角形、双四面体，形成孤立的岛状基型，如硼镁石、镁硼石、硼钽石、硼镁铁矿、遂安石等；还可连接成如板硼钙石、硼砂、多水硼镁石、库水硼镁石、钠硼解石等环状基型；连接成如硬硼钙石、水方硼石、钙硼石、贫水硼砂等链状基型；连接成如天然硼酸、图硼锶石、三方硼镁石等层状基型；连接成如方硼石、偏硼石等架状骨架。但硼酸盐的结构要比硅酸盐结构复杂得多。

　　大多数硼酸盐矿物属正交晶系和单斜晶系对称，集合体呈粒状、板状、

硼酸盐矿物特征

矿物名称及化学组成	晶系	形态	颜色	莫氏硬度	密度(g/cm³)	解理	其他
镁硼石 $Mg_3[BO_3]_2$	正交	短柱、粒状	无色、白色	6.5	3.03~3.10	完全	
硼钽石 $Ta[BO_4]$	四方	粒状	灰玫瑰色	7.0~7.5	7.91	中等	
氟硼镁石 $Mg_3[BO_3](OH,F)_3$	六方	针、细粒状	无色、白色	4.5~5.5	2.85~2.98	无	
硼镁铁石 $(Mg,Fe)_2Fe[BO_3]O_2$	正交	柱状、针状	暗绿、黑色	5.5~6.0	3.6~4.7	无	弱磁性
遂安石 $Mg_2[B_2O_5]$	单斜	柱、板、针状	白、淡褐色	6	2.8~3.0	中等	性脆
柱硼镁石 $Mg[B_2O(OH)_6]$	四方	柱、纤维状	白、浅绿色	3.5	2.3		
硼镁石 $Mg_2[B_2O_4(OH)](OH)$	单斜	纤、柱、板状	白、浅黄绿色	3~4	2.62~2.75	完全	
多水硼镁石 $Mg[B_2BO_3(OH)_5]\cdot 5H_2O$	单斜	柱、板、针状	无色、白色	2.5~3.0	1.77~1.79	中等	
板硼钙石 $Ca[B_2BO_3(OH)_3]\cdot 4H_2O$	单斜	厚板状	无色、浅黄	2.0~2.5	1.80~1.90	中等	性脆
库水硼镁石 $Mg[B_2BO_3(OH)_5]\cdot 5H_2O$	三斜	厚板、粒状	无色	3	1.847	中等	弱磷光性
硼砂 $Na_2[B_2B_2O_5(OH)_4]\cdot 8H_2O$	单斜	柱、厚板、粒状	无色、白色	2.0~2.5	1.69~1.72	完全	易溶水、味甜带咸
硬硼钙石 $Ca[B_2BO_4(OH)_3]\cdot H_2O$	单斜	柱、板、粒状	无色、白色	4.5~5.0	2.42	中等	
钠硼解石 $NaCa[B_3B_2O_7(OH)]\cdot 6H_2O$	三斜	针、纤维、土状	无色、白色	2.5	1.96	完全	性脆、滑感
天然硼酸 $H_3[BO_3]$	三斜	板、针、片状	白色、灰色	1	1.46~1.52	极完全	挠性、滑感
三方硼镁石 $Mg[B_3B_3O_9(OH)_2]\cdot 6H_2O$	三方	片状、盐华状	无色、白色	3	1.87	完全	
图硼锶石 $Sr[B_3B_3O_9(OH)_2]\cdot 3H_2O$	单斜	粒、柱、板状	无色	2.5	2.42	完全	
氯硼铜石 $Cu[B(OH)_4]Cl$	单斜	板状、粒状	浅蓝色	2.5	2.81	完全	强柔性
方硼石 $Mg_3[B_7O_{12}]OCl$	正交	粒、板状、纤维状	无色、白色	7~7.5	2.97~3.10	无	

板柱状、针状等形态。颜色多为无色或白色、玻璃光泽；含铁、锰、铜等过渡型和铜型离子者，颜色加深，直至黑色，金刚或半金属光泽。多数矿物的莫氏硬度较低（2.0～5.0），少数硬度较高（达7.0～8.0）。绝大多数矿物密度为2.0～3.5克/厘米^3，个别达到7.9克/厘米^3。

　　硼酸盐矿物主要产于接触交代成因的镁夕卡岩和钙夕卡岩中；产于外生成因的火山沉积、盐类沉积岩中；二者分别形成夕卡岩型和沉积型的硼矿床。沉积变质型的硼矿床较少。世界硼酸盐生产国主要是美国和土耳其，两国储量约占世界总储量的66%、总产量的90%；其次是俄罗斯、中国和南美一些国家；这几个地区几乎集中了世界硼矿的全部资源。著名产地有美国加利福尼亚州的克拉茂矿床、地谷地区和西尔斯湖，土耳其库塔亚省埃默特地区、埃斯基谢尔省基尔卡地区和北加迪奇地区，黑海以北的印迭尔地区，高加索和贝加尔湖附近，南美的智利、阿根廷、秘鲁和玻利维亚。中国著名产地有辽宁宽甸砖庙沟、凤城翁泉沟沉积变质型硼矿，西藏杜佳里湖，青海大柴旦湖现代盐湖沉积型硼矿，湖南常宁和浙江北部地区的夕卡岩型硼矿。

　　硼酸盐矿物是制取硼和硼的化合物的重要矿物原料。硼及其化合物广泛用于现代工业各领域，是生产特种玻璃、特种陶瓷、钕铁硼永磁合金、高强度优质钢材、高硬度切削工具、反应堆防护中子流的挡板和中子指示器、火箭燃料等的工业原料。在农业上用于生产肥料、除草剂、土壤改良剂和杀虫剂等。在医药方面用作消毒剂、防腐剂等。

[一、硼镁铁矿]

　　硼酸盐矿物，化学组成为 $(Mg, Fe)_2Fe[BO_3]O_2$，晶体属正交（斜方）晶系。成分中 Fe^{2+} 和 Mg^{2+} 成完全类质同象替代，当 $Fe^{2+} > Mg^{2+}$ 时，称硼铁矿（vonsenite）。

《中国大百科全书》普及版 ○ 五光十色——含氧盐矿物家族 wuguangshise hanyangyankuangwujiazu

硼镁铁矿（3.5cm，河北）

英文名称取自奥地利化学家 E. 路德维希（Ernst Ludwig）的姓氏。晶体呈长柱状、针状、毛发状；通常呈放射状、纤维状集合体，也呈粒状、致密块状。物性随成分中铁含量的变化而异。暗绿色至黑色。浅黑绿色至黑色条痕。光泽暗淡。莫氏硬度 5.5～6.0。密度 3.6～4.7 克 / 厘米³，硼铁矿密度达 4.8 克 / 厘米³。具弱磁性。主要产于镁质夕卡岩、火山沉积变质岩、蛇纹岩、金云蛇纹岩中。中国硼镁铁矿主要产地有辽宁凤城、宽甸、营口、岫岩，吉林集安和湖南常宁；山西、陕西、山东、河北、甘肃等地变质岩中也有产出。世界主要产地有俄罗斯西伯利亚、朝鲜、罗马尼亚、瑞典和美国。硼镁铁矿是提取硼及其化合物的矿物原料之一。

［二、硼镁石］

硼酸盐矿物，化学组成为 $Mg_2[B_2O_4(OH)](OH)$，晶体属单斜晶系。英文名称取自首位收集该矿物的匈牙利矿山勘测员 S. 索伊拜伊（Stephan Szaibely）的姓

硼镁石（3cm，吉林）

氏。晶体呈板状、柱状、纤维状；通常呈纤维状、块状集合体。其中纤维状硼镁石含水量较高。白色，灰白色或微带黄、绿色调的白色。丝绢光泽至土状光泽。莫氏硬度 3.0～4.0。性脆。密度 2.62～2.75 克/厘米^3。解理完全。硼镁石是硼酸盐矿物中分布较广的矿物之一。主要产于镁夕卡岩、沉积变质火山岩和海相盐类沉积岩中。在沉积成因硼矿床中，硼镁石可由其他含水硼酸盐矿物脱水而成。世界著名产地有美国加利福尼亚、俄罗斯西伯利亚、德国施塔斯富特等。中国辽宁东部、吉林南部、湖南常宁等地也盛产硼镁石。是提取硼元素及其化合物的主要矿物原料。

［三、硼砂］

化学组成为 $Na_2[B_4O_5(OH)_4] \cdot 8H_2O$，晶体属单斜晶系的含水硼酸盐矿物。英文名称来自波斯语 burah，是"白色"的意思。晶体呈短柱状、厚板状；集合体呈粒状、块状、晶簇状、土状、皮壳状等。白色或微带灰、黄、蓝、绿等色调。

玻璃光泽。莫氏硬度 2.0 ～ 2.5。性极脆。密度 1.69 ～ 1.72 克 / 厘米 ^{3}。解理完全。具逆磁性。易溶于水。味甜略带咸。烧时膨胀，熔成透明的玻璃状体。硼砂是最常见的硼酸盐矿物之一，主要产于干旱地区盐湖的干涸沉积物中，也呈硼霜于土壤的表面和热矿泉的沉积物中。

柱状硼砂（长 1.2cm，西藏）

世界著名产地有美国加利福尼亚州矿克拉默、内华达州南部和俄勒冈州，土耳其比加迪奇和埃梅特，以及沿智利、阿根廷、玻利维亚、秘鲁边界延伸的安第斯山脉。中国是最早开采硼砂的国家，西藏杜佳里湖、青海大柴旦湖产出的硼砂矿床闻名于世。硼砂是重要的工业硼矿物，用于提取硼及其化合物。广泛用于医药、食品、玻璃、陶瓷、化工、冶金、航天航空等领域。

第五章 硅酸盐矿物

　　硅酸盐类含氧盐矿物。组成元素达 50 余种：除硅、氧之外，金属阳离子主要是惰性气体型离子（如钠、钾、镁、钙、钡、铝等元素）和部分过渡型离子（如铁、锰、铬、钛等元素），铜型离子（如铜、铅、锌等元素）较少见；阴离子除 $[SiO_4]^{4-}$ 外，还有 $(OH)^-$、O^{2-}、F^-、Cl^-、$[CO_3]^{2-}$、$[SO_4]^{2-}$ 等附加阴离子。类质同象替代广泛，除金属阳离子间的替代外，常有铝、铍、硼替代硅酸根中的硅，分别形成铝硅酸盐、铍硅酸盐和硼硅酸盐矿物。少数情况下有 $(OH)^-$ 替代硅酸根中的 O^{2-}。

　　结构　硅酸盐矿物的晶体结构中，最基本的结构单元是 Si－O 络阴离子。Si 被 O 围绕形成硅氧多面体，除硅灰石膏结构中，硅氧多面体是八面体外，几乎所有硅酸盐矿物的硅氧多面体都是四面体。硅氧四面体在结构中可以孤立存在，彼此间由其他金属阳离子连接；也可通过共用角顶上的氧（称为桥氧）

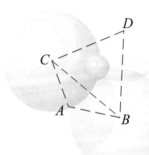

$[SiO_4]^{4-}$ 配位四面体

相互连接，构成环、链、层、架等不同硅氧多面体群的形式，称硅氧骨干。硅氧骨干间的连接，靠其他金属阳离子。硅氧四面体的连接方式为硅酸盐矿物分类提供依据。一般根据硅氧骨干中，硅氧四面体的连接形式划分为岛状、环状、链状、层状和架状结构硅酸盐。

矿物类型 按结构分为以下类型。

岛状结构是硅氧骨干形式有孤立的 $[SiO_4]^{4-}$ 四面体、$[Si_2O_7]^{6-}$ 双四面体和二者共存的混合类型（不构成封闭环状）。其中，孤立四面体形式为主，

a 四面体　　　　b 双四面体

岛状结构硅酸盐矿物中常见的两种硅氧骨干

其所有 4 个角顶上的氧均为活性氧，它们与镁、铁、铝、钛、锆等金属阳离子结合，形成橄榄石、锆石、石榴子石、黄玉、红柱石、蓝晶石等矿物。双四面体形式是由 2 个 $[SiO_4]^{4-}$ 四面体共用 1 个角顶组成的硅氧骨干 $[Si_2O_7]^{6-}$，见于硬柱石、黑柱石、异极矿、粒硅钙石等矿物中。在绿帘石、黝帘石、褐帘石、符山石等矿物结构中，双四面体与孤立四面体混合并存。此外，还有三四面体 $[Si_3O_8]^{8-}$ 和五四面体 $[Si_5O_{16}]^{12-}$ 形式。岛状硅酸盐矿物晶体呈近似等轴状。折射率高、双折射率小，多色性和吸收性较弱。具中等或不完全的多向解理。硬度和密度较大。双四面体岛状硅酸盐矿物晶体呈一向延长的习性。硬度、折射率偏低，并表现出稍大的异向性。双折射率、多色性和吸收性都有所增强。含水或具有附加阴离子 (OH, F) 的岛状硅酸盐矿物的硬度、密度、折射率都有所降低。

环状结构是由若干个硅氧四面体，以角顶相连的形式构成封闭的环。按组成环的四面体个数，有三元环 $[Si_3O_9]^{6-}$、四元环 $[Si_4O_{12}]^{8-}$、六元环 $[Si_6O_{18}]^{12-}$、八元环 $[Si_8O_{24}]^{16-}$、九元环 $[Si_9O_{27}]^{18-}$ 和十二元环 $[Si_{12}O_{30}]^{12-}$ 之分，后三者极少见；此外，还有双层四元环 $[Si_8O_{20}]^{8-}$ 和双层六元环 $[Si_{12}O_{30}]^{12-}$。环的中心空隙较大，

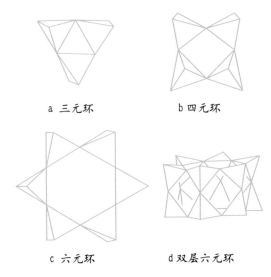

a 三元环　　　　　b 四元环

c 六元环　　　　　d 双层六元环

环状结构硅酸盐矿物中的几种硅氧骨干环

常为 $(OH)^-$、水分子或大半径阳离子所占据。环状结构硅酸盐矿物的单元环具有三方、六方或四方的对称，晶体也属于相应的晶系（如电气石、异性石、绿柱石、透视石等）；也由于结构中金属阳离子连接的方式不同，晶体结构对称性降低，使一些晶体呈正交（斜方）、单斜或三斜晶系（如董青石、斧石、钙钇铈矿等）；但外形仍常呈假三方、假六方或假四方对称的板状或柱状。环状结构硅酸盐矿物的密度、硬度、折射率一般稍低于岛状结构硅酸盐矿物。形态和物理性质的异向性也比岛状结构硅酸盐矿物稍大，但比链状和层状结构硅酸盐矿物要小得多。电气石在垂直于 c 轴和平行 c 轴方向多色性和吸收性的强弱差异就是最突出的例子。

链状结构是硅氧四面体以角顶相连成一维无限延伸的链。已发现链的类型有 20 余种，最主要的是辉石单链 $[Si_2O_6]^{4-}$ 和闪石双链 $[Si_4O_{11}]^{6-}$。闪石双链可看成是由两条辉石单链以共用部分四面体角顶连接而成。其他较重要的类型有硅灰石单链 $[Si_3O_9]^{6-}$、蔷薇辉石单链 $[Si_5O_{15}]^{10-}$、夕线石双链 $[SiAlO_5]^{2-}$ 等。由于链状硅酸盐矿物中，存在着相互平行分布的链，使其异向性比岛状和环状硅酸盐突出得多。矿物常呈柱状、针状以及纤维状。平行于链的方向的解理较发育。链延伸方向的折射率较高，垂直方向较低；双折射率也比岛状或环状矿物的大。含过渡元素的矿物（如富含铁、钛等元素的辉石族和闪石族矿物），其多色性和吸收性都非常明显。

　　层状结构是每个硅氧四面体，都以三个角顶与周围三个硅氧四面体相连，形成在二维空间无限延伸的层，这种简单的硅氧结构层，称为四面体片。通过四面体片上的活性氧与其他金属阳离子（主要是镁、铁、铝等）相结合。这些阳离子均为6次配位，每个配位八面体都共棱相连，构成在二维方向无限延展的层，称八面体片。四面体片与八面体片相结合，便构成了结构单元层。当结构单元层只由一张四面体片与一张八面体片组成，称1∶1型结构单元层，如高岭石、蛇纹石等矿物。若两张四面体片的活性氧相对，中间又夹一张八面体片，则构成2∶1型结构单元层，如云母、滑石、叶蜡石、蒙脱石、蛭石等矿物。如果结构单元层本身的电价未达平衡，单元层间会有低价、大半径阳离子（如钾、钠、钙等）和水的存在，如云母、蒙脱石等。层状结构硅酸盐矿物晶体常呈板状、片状。一组平行硅氧骨干层方向的完全解理。大多数矿物呈一轴晶或二轴晶负光性、正延性、双折射率大。含过渡元素离子者，多色性和吸收性都十分显著。

　　架状结构是每个硅氧四面体，除极个别例外，均以其全部的4个角顶与相邻四面体连接，形成在三维空间无限伸展的架状硅氧骨干。若硅氧四面体

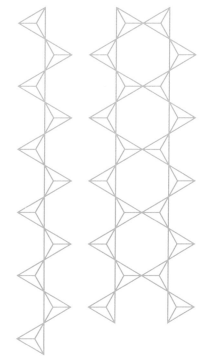

a 辉石单链　　　　　b 闪石双链

链状结构硅酸盐矿物中最主要的链状硅氧骨干

$[SiO_4]^{4-}$ 中的硅，不被任何元素替代，整个结构的电性达到中和，硅和氧的原子数比等于 1：2。这与石英族矿物成分、结构完全相同。石英族矿物的结构属典型的架状结构，但从化学成分上，它应属于氧化物，不属于硅酸盐矿物。因为架状硅酸盐矿物都是铝硅酸盐，通常有1/4～1/3的硅被铝（少数铍、硼等）替代，总替代量不超过1/2。架状硅酸盐矿物中，由铝替代硅出现的多余负电荷，要靠与其他金属阳离子中和，达到电价平衡。与其结合的金属阳离子，主要是电价低、半径大的钾、钠、钙、钡等（如方钠石、钾长石）。架状硅氧骨干中四面体连接的形式多种多样，随矿物而异。由于架状硅氧骨干在三维方向上的异向性，不如链状和层状硅氧骨干那么明显，使矿物常表现出近似等轴状的外形、多方向的解理、双折射率小、密度小、折射率低的特点，多数呈无色或浅色、多色性和吸收性都不明显等特征。只有少数含过渡元素的矿物，具有特殊的颜色；较明显的多色性、吸收性；密度、折射率、双折射率也相对偏大。

分布和用途　在自然界，硅酸盐矿物的种类丰富，约占矿物总数的1/4；分布极广，就体积而言，占地壳和地幔的90%以上；在石陨石和月岩中的含量也很丰富。硅酸盐矿物中，长石是地壳中数量最多、分布最广的矿物之一；橄榄石和辉石则是上地幔中数量最多的矿物。许多硅酸盐矿物充当三大岩类的主要造岩矿物，是提炼稀有和稀土元素的矿物原料、珍贵的宝石矿物、高性能矿物材料的原料等。

［一、锆石］

化学组成为 $Zr[SiO_4]$，晶体属四方晶系的硅酸盐矿物。旧称锆英石、风信子石。英文名称来自阿拉伯语 zarqun，意指其呈金黄色。常含铪、铀、钍、稀土、磷等杂质；

生长在黑云母片岩中的锆石 （1.5cm，挪威）

又常因放射性元素影响，导致锆石的非晶质化及水的加入。形成富含稀土的大山石（oyamalite）、山口石（yamaguchilite）、苗木石；富含稀土和铀的曲晶石（cyrtolite）、含水的水锆石（malacon）等变种。晶体常呈双锥发育的短柱状或柱体不发育的双锥状。锆石的形态能很好地反映形成条件，故锆石的晶形可作标型特征。锆石颜色多种多样，有紫红、黄褐、淡黄、淡红、绿、灰、无色等。金刚光泽。莫氏硬度 7.5～8.0。密度 4.4～4.8 克 / 厘米³。锆石是一种分布较为广泛的矿物。主要产出于酸性和碱性火成岩及其伟晶岩中，也常见于热液脉、沉积岩、变质岩及砂矿中。锆石的主要生产国有挪威、澳大利亚、南非、美国、俄罗斯、印度、巴西等。锆石是提取锆、铪，制取氧化铪及其化合物的重要矿物原料。锆、铪金属是核反应堆的重要材料。锆石熔点高达 3000℃以上，可做航天器高温绝热瓦的材料。也用于汽轮喷砂机、研磨材料及特种焊条及涂料。色泽美丽而透明的锆石可作宝石。世界上宝石级锆石的重要产地有斯里兰卡、柬埔寨、泰国、缅甸等。中国华东、华南、华北等地的碱性玄武岩中也有宝石级锆石产出。

[二、石榴子石]

化学组成为 $A_3B_2[SiO_4]_3$、晶体属等轴晶系的一族硅酸盐矿物的总称。英文名称来自拉丁文 granatum，意指其形态和颜色与石榴果的种子类似。化学组成中，A 代表二价阳离子镁、铁、锰、钙等；B 代表三价阳离子铝、铁、铬、钒和四价阳离子钛、锆等。由于 A 组镁、铁、锰的相互替代，使镁铝榴石、铁铝榴石、锰铝榴石之间存在完全固溶体；由于 B 组阳离子间完全的类质同象代替，使钙铝榴石、钙铁榴石、钙铬榴石之间也存在完全固溶体。据此，通常将石榴子石分为铝系列和钙系列两类，这两类之间存在不完全固溶体。石榴子石矿物的主要成员见表。在自然界,几乎没有石榴子石纯种。广泛的类质同象代替,可形成钛-钙铁榴石、钇铝榴石、铬-钙铁榴石（翠榴石）等变种。晶体多呈菱形十二面体、四角三八面体或其聚形；集合体呈粒状、致密块状。石榴子石有多种颜色，随成分变化而异。玻璃光泽。莫氏硬度 7.0 ～ 8.0。性脆。密度 3.5 ～ 4.3 克 / 厘米 ^{3}。解理不完

钙铁榴石（13cm，河北）

石榴子石矿物的主要特征

	矿物名称	化学组成	颜色	密度 (g/cm³)
铝系列	镁铝榴石 (pyrope)	$Mg_3Al_2[SiO_4]_3$	紫红、玫瑰红	3.50
	铁铝榴石 (almandine)	$Fe_3Al_2[SiO_4]_3$	红、褐、紫红	4.30
	锰铝榴石 (spessartine)	$Mn_3Al_2[SiO_4]_3$	棕红、橙红	4.19
钙系列	钙铝榴石 (crossular)	$Ca_3Al_2[SiO_4]_3$	无色、黄、绿	3.56
	钙铁榴石 (andradite)	$Ca_3Fe_2[SiO_4]_3$	黄、褐色	3.86
	钙铬榴石 (vuarovite)	$Ca_3Cr_2[SiO_4]_3$	鲜绿色	3.80
	钙钒榴石 (goldmanite)	$Ca_3V_2[SiO_4]_3$	翠绿色	3.68
	钙锆榴石 (kimzeyite)	$Ca_3Zr_2[SiO_4]_3$	暗棕色	4.0

全或无解理。石榴子石是分布广泛的矿物之一。铁铝榴石是典型的变质矿物，常见于各种泥质片岩和片麻岩中，与蓝晶石、夕线石、白云母、十字石等含铝的矿物共生。镁铝榴石形成于富镁铁质岩石中，产于角闪岩、金伯利岩、蛇纹岩、橄榄岩、榴辉岩中，与闪石、辉石等共生。锰铝榴石产于伟晶岩、花岗岩、锰矿床中。钙铬榴石产于超基性岩中，是寻找铬铁矿的标志。钙铁榴石和钙铝榴石是夕卡岩的主要矿物，与透辉石、钙铁辉石等共生。由于石榴子石化学性能稳定，还常见于砂矿中。人们利用石榴子石的硬度和美丽的色彩，将其用作研磨或宝石的材料。中国称宝石级的石榴子石为"紫牙乌"。

[三、橄榄石]

硅酸盐矿物。化学组成为 $(Mg, Fe)_2[SiO_4]$，晶体属正交（斜方）晶系。镁橄榄石与铁橄榄石，即 $Mg_2[SiO_4]$ — $Fe_2[SiO_4]$ 为完全类质同象系列。因橄榄石常呈橄榄绿色而得名；其端员矿物镁橄榄石（forsterite）系纪念英国矿物收藏家 A.J. 福雷斯特而得名；铁橄榄石（fayalite）是因首次在葡萄牙亚速尔群岛的法亚尔岛发现而命名。成分中常含有 Mn、Al、Ca、Ni 等杂质。晶体呈短柱状、板状；常呈粒状集合体。随成分中镁含量的降低或铁含量的增高，颜色将由浅黄绿色变成黄绿色、橄榄绿色（深黄绿色）至绿黑色。玻璃光泽，断口油脂光泽。解理中等。莫氏硬度 6.5～7.0。密度 3.3～4.4 克/厘米^3，随着含铁量的增多而增大。橄榄石是基性和超基性岩、陨石和月岩的主要矿物之一。镁橄榄石还产于镁夕卡岩中。在热液蚀变条件下，橄榄石会转变成蛇纹石。在挪威、瑞典、澳大利亚、奥地利、日本、新西兰、津巴布韦、美国等都有丰富的橄榄石资源。透明而色泽鲜艳、无瑕疵的橄榄石晶体可作为宝石。古埃及人以及德国科隆市古教堂中，都用橄榄石

《中国大百科全书》普及版◎ 五光十色——含氧盐矿物家族

wuguangshise hanyangyankuangwujiazu

做装饰品或装饰材料。世界著名优质橄榄石的产地有红海中的宰拜尔杰德岛、缅甸的抹谷、挪威的斯纳鲁姆、美国的亚利桑那州和新墨西哥州等。中国的东北三省、内蒙古索伦、湖北宜昌、河北张家口等地区均有产出。镁橄榄石还是优质的耐火材料，用作铸造模型及玻璃熔炉、铸造炉、电热储存炉的矿物原料。

[四、钍石]

化学组成为 $Th[SiO_4]$，晶体属四方晶系的硅酸盐矿物。英文名与成分中含大量钍元素有关。钍常被铀、钙、稀土、铁等所替代，导致钍石的成分变化很大，形成铀钍石、铁钍石、稀土钍石等变种。橙黄石（orangeite）是一种橙黄色的钍石。晶体内钍和铀等放射性元素的衰变，会导致晶体非晶质化，使钍石含水。晶形似锆石，呈四方双锥状或短柱状；集合体呈粒状、致密块状。黑色、褐色、橙黄色、红棕色等。半透明。玻璃光泽，断口呈油脂光泽、沥青光泽。莫氏硬度 4.4 ～ 5.0。性脆。密度 4.4 ～ 5.4 克 / 厘米 ^{3}。钍石的硬度、密度、折射率等都随着非晶质化的程度和含水量的增加而降低。具强放射性。钍石主要产于花岗岩、花岗伟晶岩、碱性岩及与碱性岩有关的碳酸岩中。也产于中、低温热液脉和砂矿中。磷钙铁钍石是一种产于中国内蒙古白云母型花岗伟晶岩中的钍石变种，又称为集宁石。中国河北、内蒙古白云鄂博、广西钟山县姑婆山分别有含稀土的钍石、铁钍石、含钇的钍石产出。钍石是提取钍的重要矿物原料，成分中的铀和稀土可综合利用。

[五、硅镁石]

硅酸盐矿物，化学组成为 $Mg_7[SiO_4]_3(F, OH)_2$，晶体属正交（斜方）晶系。其英文名称是为纪念英国矿物收藏家 A. 休姆（Hume）而取名。硅镁石与块硅镁石、粒硅镁石、斜硅镁石属于同族的成员，有相类似的化学成分与结构。块硅镁石同硅镁石，属正交晶系；粒硅镁石与斜硅镁石属单斜晶系。硅镁石晶体呈桶状；粒状集合体。淡黄色或黄褐色。玻璃光泽。解理中等。莫氏硬度 6.0～6.5。密度 3.2～3.3 克 / 厘米^3。硅镁石广泛分布于中酸性侵入岩与白云岩或白云质灰岩的接触带中，是镁夕卡岩的特征矿物之一，与粒硅镁石、斜硅镁石、金云母、镁尖晶石、镁橄榄石、氟叶蛇纹石等共生或伴生。也见于基性岩、超基性岩热液蚀变带。易向蛇纹石转变。著名产地有意大利的蒙特索马、芬兰的赫尔马拉、瑞典的努德马克。

[六、蓝晶石]

蓝晶石（16cm，新疆）

化学组成为 $Al_2[SiO_4]O$，晶体属三斜晶系的硅酸盐矿物。有时含少量铬、铁、镁、钛等。英文名来自希腊文 kyanos，"蓝色"之意。蓝晶石与红柱石、夕线石成同质多象。三者结构的紧密堆积程度不同，蓝晶石最紧，夕线石次之，红柱石最松。蓝晶石晶体呈板柱状、长片状，常现双晶。有时呈柱状、放射状、粒状集合体。呈蓝色或带蓝的白色、灰色、绿色等。玻璃光泽。具完全和中等解理。硬度有明显的异向性，在平行晶体伸长方向莫氏硬度为 4.5～5.0，垂直方向为 6.0～7.0，故又名二硬石。性脆。密度 3.53～3.65 克 / 厘米^3。蓝晶石是富铝的岩石经区域变质作用而成，在结晶片岩和片麻岩中出现。著名产地有美国弗吉尼亚州的威利斯山和巴克山、巴西的米纳斯吉拉斯州、印度比哈尔邦和马哈拉施特拉邦、俄罗斯科拉半岛等。中国河北邢台魏鲁、四川汶川、山西繁峙、江苏沭阳韩山、内蒙古白彦花、新疆契布拉盖等地均有产出。蓝晶石是高级耐火材料、技术陶瓷和硅铝合金的原料。加热蓝晶石到 $1100 \sim 1300℃$ 时，会转变成莫来石和游离二氧化硅混合物；同时体积膨胀 $16\% \sim 18\%$，常用它作为耐火砖灼烧收缩补偿剂。蓝晶石耐火砖在各种高温设备和工业窑炉上得到广泛应用。美国北卡罗来纳州有色泽艳丽、透明的深蓝色、绿色宝石级蓝晶石产出。

[七、红柱石]

硅酸盐矿物，化学组成为 $Al_2[SiO_4]O$，晶体属正交（斜方）晶系。英文名称取自西班牙的发现地安达卢西亚（Andalucia）。与蓝晶石、夕线石成同质多象。通常呈柱状晶体，横断面接近正方形。晶体中含有碳质包裹体的红柱石，称空

红柱石（9cm，北京）

晶石。集合体多呈放射状或粒状；呈放射状者，称菊花石。红柱石常呈粉红色、玫瑰红色、红褐色或灰白色。玻璃光泽。解理中等。莫氏硬度 6.5～7.5。密度 3.10～3.20 克／厘米 ^{3}。主要产于泥质岩和侵入体的接触带，是典型的接触热变质矿物。南非和法国是红柱石主要生产国。世界著名产地有南非北方省、法国布列塔尼半岛的格罗梅尔、西班牙安达卢西亚、奥地利蒂罗尔州、巴西米纳斯吉拉斯等。中国北京西山、吉林桦甸老虎东沟、浙江瑞安、甘肃漳县等地也盛产红柱石。红柱石加热至 1350～1450℃转变为莫来石，体积膨胀 4％，是优质耐火材料、技术陶瓷、硅铝合金的原料。制成的红柱石耐火砖，主要用作鱼雷式铁水罐车内衬和热风炉钢包内衬等，广泛用于冶金等工业。淡红色或绿色透明的晶体可作为宝石材料。空晶石和菊花石常被加工成装饰工艺品。

[八、夕线石]

化学组成为 Al[AlSiO$_5$]，晶体属正交（斜方）晶系的硅酸盐矿物。为纪念美国化学家和地质学家 B. 希利曼而得名。与蓝晶石、红柱石成同质多象。晶体呈柱状、针状、毛发状；集合体呈纤维状、放射状。多呈白色、灰白色；也呈灰绿色、浅褐色等。玻璃光泽或丝绢光泽。解理完全。莫氏硬度 6.5～7.5。密度 3.23～3.27 克／厘米 ^{3}。夕线石是典型的高温变质矿物，由富铝的泥质岩石经高级区域变质作用而成，产于结晶片岩、片麻岩中；也见于富铝岩石同火成岩的接触带和砂矿床中。著名产地有南非北开普省纳马夸兰地区、印度阿萨姆邦和喀拉拉邦、捷克波西米亚的马尔道、奥地利蒂罗尔州的法萨、美国新罕布什尔等。中国产地有河北灵寿南洞、黑龙江鸡西和陕西丹原等。夕线石加热到 1150～1650℃时转变为莫来石，体积膨胀 6％，是高级耐火材料、硅铝合金、技术陶瓷的原料。所制成的夕线石耐火砖，主要用于砌炉膛、钢包渣线部位及桶底等。

[九、十字石]

硅酸盐矿物，化学组成为 $Fe_2Al_9[SiO_4]_4O_6(OH)_2$，晶体属单斜晶系。单个晶体呈短柱状。英文名称来自希腊文 stauros，"十字形"的意思，因晶体常呈"十"字形或"X"形贯穿双晶而得名。棕红、红褐、黄褐或黑色。玻璃光泽。莫氏硬度 7.0 ～ 7.5。密度 3.74 ～ 3.83 克 / 厘米 ^{3}。解理中等。十字石是富铁、铝质的泥质岩石经区域变质作用的产物，见于云母片岩、千枚岩、片麻岩中，与蓝晶石、石榴子石等共生，温压条件的改变会转变成硬绿泥石、夕线石等，是显示中级变质作用的标型矿物。未经风化的、色泽鲜艳的十字石也用作宝石原料。瑞士巴塞尔有优质十字石产出，人们将它作成护身符佩戴在身。其他著名产地有美国佐治亚州范宁、缅因州温德姆、新墨西哥州陶斯等。

十字石穿插双晶（3.5cm，法国）

[十、黄玉]

硅酸盐矿物，其化学组成为 $Al_2[SiO_4](F, OH)_2$，晶体属正交（斜方）晶系。英文名称是从产黄玉的红海托帕济农（Topazion）岛名变化而来。其宝石名称托帕石。晶体通常呈有纵纹的短柱状，集合体呈粒状或块状。呈无色透明或白色、浅棕黄至黄棕色、淡蓝、浅绿、玫瑰红、褐色等颜色，受日光长久曝晒颜色可逐渐减退，适当加热会变成粉红色。玻璃光泽。解理完全。密度 $3.52 \sim 3.57$ 克/厘米^3。莫氏硬度 8.0。黄玉是富氟的铝的硅酸盐矿物，是典型的高温气成热液矿物。产于花岗伟晶岩、酸性火山岩的晶洞、云英岩和高温热液钨锡石英脉中，是钨、锡、锂、铍、铌、钽矿床中常见的矿物。在工业上，黄玉用作研磨材料及精密仪表的轴承；是重要的宝石原料之一。在自然界，黄玉分布甚广，但达到宝石级的不多。1940 年在巴西发现一个重 240.25 千克、清澈透明、完美无瑕的优质黄玉晶体。

黄玉（2cm，墨西哥）

世界著名的黄玉产地有巴西的米纳斯吉拉斯、美国科罗拉多州和加利福尼亚州、俄罗斯的乌拉尔地区、德国、英国苏格兰、日本和巴基斯坦等。

《中国大百科全书》普及版◎五光十色——含氧盐矿物家族 wuguangshise hanyangyankuangwujiazu

[十一、榍石]

硅酸盐矿物，化学组成为 $CaTi[SiO_4]O$，晶体属单斜晶系。常有稀土、锡、铁、锰等类质同象替代形成钇榍石、红榍石等变种。榍石有两个通用的英文名称：sphene和 titanite，前者针对榍石具有楔形状晶体形态而命名；后者则强调它的组成

榍石（3cm，瑞士）

中含钛。多以单晶体产出，晶体呈扁平的楔形状、板状，菱形的横断面，沿板的方向投影似信封状。榍石有蜜黄色、褐色、绿色、玫瑰色、黑色等。金刚光泽。解理中等或不完全。莫氏硬度 5.0 ～ 5.5。密度 3.45 ～ 3.55 克 / 厘米³。榍石常以副矿物角色广泛分布于碱性、酸性和中性火成岩中；在伟晶岩，尤其在碱性伟晶岩中，常有粗大的晶体产出。也见于结晶片岩、片麻岩、夕卡岩和砂矿床中。世界著名产地有俄罗斯科拉半岛、奥地利蒂罗尔、瑞士圣哥达、美国宾夕法尼亚州等。中国辽宁、广西等地也有产出。榍石可作为宝石和提取氧化钛的矿物原料。

[十二、符山石]

硅酸盐矿物，化学组成为 $Ca_{10}(Mg, Fe)_2Al_4[Si_2O_7]_2[SiO_4]_5(OH, F)_4$，晶体属四方晶系。英文名称取自首次发现地，意大利的维苏威山（Mt.Vesuvius）。类质同

象置换普遍，化学成分复杂。有铍符山石、铬符山石、青符山石（含铜）、铁符山石、铈符山石等变种。晶体呈柱状，柱面纵纹发育；集合体呈粒状、柱状、放射状或致密块状。常呈褐色和绿色，也呈黄、蓝、红等多种颜色。铬符山石呈翠绿色，含钛和锰者呈褐红或粉红色，含铜的变种呈蓝绿色或蓝色。玻璃光泽。莫氏硬度 6.5～7.0。密度 3.33～3.43 克/厘米³。解理不完全。符山石主要产于接触交代的夕卡岩中，常与透辉石、石榴子石、硅灰石等共生。色泽艳丽者，可作为宝石材料。巴基斯坦产有绿色透明优质符山石，挪威产有蓝色的青符山石，美国加利福尼亚州产有绿色、黄绿色致密块状的符山石，质地细腻，称为加州玉。其他著名产地还有俄罗斯西伯利亚的外贝加尔，意大利的维苏威山和彼德蒙特山，加拿大的劳伦琴山等。中国南岭、

符山石（3cm，河北）

长江中下游一带的夕卡岩型有色金属和铁矿床中，经常含有符山石；河北邯郸有粗大的符山石晶体产出。

[十三、绿帘石]

岛状结构硅酸盐矿物，化学组成为 $Ca_2FeAl_2[SiO_4][Si_2O_7]O(OH)$，晶体属单斜晶系。绿帘石与斜黝帘石 $Ca_2AlAl_2[SiO_4][Si_2O_7]O(OH)$、红帘石 $Ca_2MnAl_2[SiO_4][Si_2O_7]O(OH)$ 都

《中国大百科全书》普及版
五光十色——含氧盐矿物家族
wuguangshise hanyangyankuangwujiazu

能构成完全类质同象系列。属正交（斜方）晶系的黝帘石与斜黝帘石是同质二象变体。含铬高的称铬绿帘石。绿帘石晶体呈柱状，柱面有条纹；集合体常呈粒状、柱状、放射状和致密块状。呈灰色、黄色和各种色调的草绿色，随含铁量的增加，颜色变深。玻璃光泽。解理完全。莫氏硬度 $6.0 \sim 6.5$。密度 $3.38 \sim 3.49$ 克 / 厘米 ^{3}，并随铁含量的增加而增大。绿帘石广泛分布于变质岩、夕卡岩和受热液作用的各种火成岩中。也可从热液中直接结晶。常见于绿片岩

绿帘石（12cm，海南）

中，与绿泥石、钠长石、阳起石等共生。在接触交代夕卡岩中，与富钙的斜长石、石榴子石、符山石等共（伴）生。中国河北邯郸产结晶粗大的绿帘石。

［十四、黝帘石］

硅酸盐矿物，化学组成为 $Ca_2Al_3[Si_2O_7][SiO_4]O(OH)$，晶体属正交（斜方）晶系。英文名称取自奥地利矿物收藏家冯·佐依斯男爵（Baron von Zois）的姓氏。晶体呈柱状，集合体呈粒状或致密块状。无色或灰色，也呈蓝色、浅绿色、灰绿色、黄绿色、浅玫瑰色、褐色等。玻璃光泽。莫氏硬度 6.0。密度 $3.15 \sim 3.37$ 克 / 厘米 ^{3}。解理完全，主要产于区域变质的片岩和片麻岩中，也产于变质岩和热液蚀变岩中。色泽鲜艳者可加工成雕刻工艺品。在坦桑尼亚产出蓝至紫色的透明晶体，作为宝石称"坦桑石"。此外，在奥地利、意大利、瑞士、墨西哥、美国等地都产出黝帘石，有的可作为中低档的宝石原料。

[十五、异极矿]

硅酸盐矿物，化学组成为 $Zn_4[Si_2O_7](OH)_2 \cdot H_2O$，晶体属正交（斜方）晶系。英文名称来自异极矿晶体 c 轴两端形态的不对称性，表现出明显的异极像特征。

异极矿（2.5cm，墨西哥）

晶体呈板状，集合体呈粒状、板柱状、纤维状、放射状、皮壳状、肾状等。通常呈无色、白色或灰色，也呈浅黄、绿、蓝、褐等色。玻璃光泽。莫氏硬度 4.0 ～ 5.0。密度 3.40 ～ 3.50 克 / 厘米^3。解理完全。加热晶体产生明显的热电性，即在晶体直立轴的两端出现相反的电荷。异极矿是次生矿物，产于铅锌矿床氧化带，与菱锌矿、白铅矿、褐铁矿等共生。异极矿在低于 250℃ 条件下稳定，高于 250℃ 则转变成硅锌矿，它可依菱锌矿、方解石、萤石等形状形成假像，异极矿的产地很多，中国广西、湖南等地，德国北莱茵-威斯特法伦州的亚琛、奥地利卡林西亚州、英国坎伯兰、美国科罗拉多等地均有产出。大量聚集可作为锌矿石开采。

[十六、黄长石]

硅酸盐矿物，化学组成为 $Ca(Al, Mg)[(Al,Si)_2O_7]$，晶体属四方晶系。黄长石英文名称来自希腊语 honey，与常呈黄色有关。成分中铝、镁呈完全类质同象关系。亚种有钙铝黄长石和钙镁黄长石两种。晶体呈板状或短柱状，集合体呈粒状、放射状。通常呈白色、黄白色、浅黄色，有时呈浅绿黄或浅褐色等。玻璃光泽。莫氏硬度 5.0 ～ 6.0。密度 2.95 克 / 厘米³（钙镁黄长石）至 3.04 克 / 厘米³（钙铝黄长石）。解理中等或不完全。黄长石通常见于接触变质的石灰岩、碱性和基性的火山岩里，在某些黄长玄武岩里，黄长石呈斑晶，更多情况下呈细小包体存于橄榄石、辉石、霞石、白榴石晶体中。黄长石是普通的合成矿物之一，常见于冶金炉渣及水泥炉渣里。在高炉炉渣里的黄长石，随结晶条件的不同，有晶形差的骸晶状和完善的长柱状之别。

［十七、斧石］

　　硅酸盐矿物，化学组成为 $(Ca, Mn, Fe, Mg)_3Al_4BSi_4O_{15}(OH)$，晶体属三斜晶系。英文名称来自希腊语，与它的晶体常呈楔形有关。片状或板状集合体。褐色、蓝紫色、棕红色、黄绿色等。玻璃光泽。莫氏硬度 6.5 ～ 7.0。性脆。密度 3.25 ～ 3.36 克 / 厘米³。解理中等。斧石主要是接触变质或交代作用的产物，

斧石球状集合体（1.5cm）

也出现在伟晶岩和热液脉中。常与方解石、石英、葡萄石、黝帘石等共生。色泽艳丽的斧石可琢磨成首饰、工艺品。优质斧石的著名产地有法国境内的阿尔卑斯山、英格兰的康沃尔郡、澳大利亚的塔斯马尼亚州、美国的加利福尼亚州和宾夕法尼亚州等。

[十八、绿柱石]

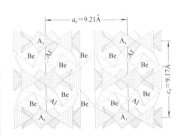

绿柱石晶体结构（平行 c 轴投影）

化学组成为 $Be_3Al_2[Si_6O_{18}]$，晶体属六方晶系的硅酸盐矿物。英文名称来自希腊语 beryllos，意思是"蓝绿色的宝石"。晶体结构以 $[SiO_4]$ 共角顶相连成六方环 $[Si_6O_{18}]$，上下六方环彼此错开 $25°$，以 $[AlO_6]$ 八面体及 $[BeO_4]$ 四面体连接起来形成一系列六方环柱，六方环柱的轴心则为大的孔道，常有大半径碱金属阳离子及水分子存在。

绿柱石晶体常呈六方柱状，柱面上有纵纹。成分中常含钠、钾、锂、铷、铯等碱金属。碱金属含量低的绿柱石，通常呈有明显纵纹的长柱状晶体；含碱金属量高者，呈纵纹不明显的短柱状晶体。无色透明的少见，常呈各种色调的浅绿色；成分中富含铯的，呈玫瑰红色，称铯绿柱石；含铬呈鲜艳的翠绿色，称祖母绿；含二价铁呈淡蓝色，称海蓝宝石；含少量三价铁呈黄色，称黄绿宝石；褐黄色的绿柱石，称金绿柱石；有猫眼效应的海蓝宝石和铯绿柱石，又称猫眼绿柱石；在黄褐色或黑色绿柱石里，有星光效应的称星光绿柱石。玻璃光泽。解理不完全。莫氏硬度 $7.5 \sim 8.0$。密度 $2.6 \sim 2.9$ 克／厘米^3。绿柱石主要产于花岗伟晶岩中，片岩、云英岩及高温热液脉中也有产出。绿柱石是提炼铍的最主要矿物原料。色泽美丽的绿柱石则是宝石原料，其中尤以祖母绿及海蓝宝石最珍贵。世界著名产

地有哥伦比亚的博亚卡省和昆迪纳马卡省的圣菲波哥大、俄罗斯乌拉尔地区、奥地利萨尔茨堡、巴西米拉斯吉拉斯、纳米比亚勒辛。中国新疆、内蒙古、云南、湖北等省也有产出。

绿柱石（15cm，新疆）

[十九、电气石]

化学通式为 $NaR_3Al_6[Si_6O_{18}][BO_3]_3(OH, F)_4$，晶体属三方晶系、含硼的铝硅酸盐矿物族的统称。成分式中 R 代表金属阳离子，当 R 为 Mg^{2+}、Fe^{2+}、Li^+、Mn^{2+} 时，分别称镁电气石、黑电气石、锂电气石、钠锰电气石。其中镁电气石与黑电气石、黑电气石与锂电气石间都形成完全类质同象系列，镁电气石与锂电气石间为不完全系列。

电气石晶体呈柱状，两端晶形不同，柱面上常出现纵纹，横断面呈弧线三角形。

集合体呈针状、柱状、棒状、放射状或致密块状。颜色随阳离子不同而异，富铁的黑电气石呈黑色，富锂、锰、铯的呈玫瑰色或深蓝色，富镁的呈褐、黄色，富铬的呈深绿色。电气石还常在垂直 c 轴的断面上构成环状色带或沿 c 轴分段形成不同颜色的色柱。玻璃光泽。莫氏硬度 $7.0 \sim 7.5$。密度 $3.03 \sim 3.25$ 克／厘米^3，并随成分中铁、锰含量的增加而增大。电气石产于花岗伟晶岩、高温热液矿脉、云英岩中，生成锂电气石与黑电气石系列的矿物，它富含挥发组分硼及水，成因多与气成作用有关。而产于变质岩中的电气石，则由交代作用形成，生成镁电气石与黑电气石系列的矿物。透明无瑕的电气石可作宝石，称为碧玺。由于

电气石晶体
（d 2.5cm，美国）

黑褐色电气石

电气石有压电性，可用于测压仪表的元件。世界著名产地有巴西的米纳斯吉拉斯州、美国的加利福尼亚、法国巴黎曼因地区的芒特米卡、俄罗斯的乌拉尔。中国新疆、内蒙古、辽宁、河南等省区都有产出。

[二十、董青石]

硅酸盐矿物，化学组成为 $(Mg, Fe)_2Al_3[AlSi_5O_{18}]$，晶体属正交（斜方）晶系。为纪念法国地质学家及采矿工程师 P.L.A. 科尔迪耶（Cordier）而命名。董青石与六方董青石（印度石，Indialite）成同质二象。成分中铁和镁可以完全类质同象代替，自然界产出的多是富镁成员，称董青石；富铁成员称为铁董青石，比较少见。常有一定数量的水和钾、钠离子存在于结构孔道中。完好晶形少见，有时呈假六方短柱状，多呈浑圆状或不规则粒状，双晶常见。无色，常带有不同色调的浅蓝及浅紫色。玻璃光泽，断口油脂光泽。解理中等或不完全，贝壳状断口。莫氏硬度 7.0 ～ 7.5。密度 2.53 ～ 2.78 克 / 厘米 ^{3}。董青石是典型的变质矿物，产于角岩、片麻岩、结晶片岩及蚀变火成岩中，色泽美丽的可作宝石。

[二十一、辉石]

化学通式为 $XY[Z_2O_6]$、晶体属正交（斜方）或单斜晶系的单链状结构硅酸盐矿物族的总称。式中 X 为大半径的钠、钙等阳离子；Y 代表小半径的锰、铁、镁、铝等阳离子；Z 主要是硅和少量铝、铁等。法国结晶学和矿物学家 R.-J. 阿维首次用 pyroxene 称呼在熔岩中发现的一种绿色晶体（辉石）而得名。

在辉石晶体结构中，每一个硅氧四面体 $[SiO_4]$ 均以两个角顶与相邻的硅氧四面体连接，形成沿一个方向无限延伸的单链 $[Si_2O_6]$；链与链之间靠金属阳离子连接。

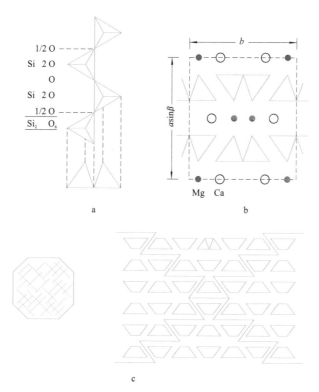

透辉石的晶体结构及其与解理的关系示意图
a 硅氧四面体 $[SiO_4]$ 连接而成的 $[Si_2O_6]$ 单链侧视图和顶视图；
b 晶体结构在⊥c 轴平面上的投影图；
c 解理（左图）与结构的关系示意图

主要辉石矿物的特征

亚族	成分分组	矿物名称及化学组成	晶系	形态	颜色	莫氏硬度	密度(g/cm³)	解理
斜方辉石亚族	钙镁铁辉石组	顽火辉石 $Mg_2[Si_2O_6]$	正交	柱、针、块状	灰、绿青色	5.0~6.0	3.2~3.5	{210} 完全
		紫苏辉石 $MgFe_2[Si_2O_6]$	正交	柱、板柱状	灰绿色	5.0~6.0	3.30~3.87	{210} 完全
		铁辉石 $Fe_2[Si_2O_6]$	正交	柱、块状	绿、墨绿、黑	5.0~6.0	3.87~3.96	{210} 完全
		易变辉石 $(Mg,Fe,Ca)_2[Si_2O_6]$	单斜	柱、粒、斑晶	褐、绿黑	6.0	3.30~3.46	{110} 完全
单斜辉石亚族	钠钙辉石组	透辉石 $CaMg[Si_2O_6]$	单斜	柱、块、粒状	白、灰绿色	5.5~6.5	3.2~3.5	{110} 完全
		钙铁辉石 $CaFe[Si_2O_6]$	单斜	柱、块、粒状	绿、暗绿色	5.5~6.5	3.25~3.56	{110} 完全
		普通辉石 $(Ca,Na)(Mg,Fe,Al)[(Al,Si)_2O_6]$	单斜	短柱、粒状	灰褐、灰绿色	5.5~6.0	3.23~3.52	{110} 完全
	钠辉石组	绿辉石 $(Ca,Na)(Fe,Mg,Al)[(Al,Si)_2O_6]$	单斜	柱、粒状	浅绿、暗绿色	5.0~6.0	3.29~3.37	{110} 完全
		硬玉 $NaAl[Si_2O_6]$	单斜	柱、粒、纤维状	浅绿、白色	6.5~7.0	3.24~3.43	{110} 完全
		霓石 $Na(Al,Fe^{3+})[Si_2O_6]$	单斜	针状	暗绿、黑绿色	5.0~6.0	3.55~3.60	{110} 完全
		霓辉石 $(Na,Ca)(Fe,Mg,Al)[Si_2O_6]$	单斜	柱状	暗绿、黑色	5.0~6.0	3.40~3.55	{110} 完全
	其他辉石组	锂辉石 $LiAl[Si_2O_6]$	单斜	柱、板柱、块状	绿、灰白、紫	6.5~7.0	3.03~3.22	{110} 完全

64

国际矿物学会 1987 年公布的《辉石命名法》，将辉石族矿物划分为 20 个矿物种，分属于斜方辉石和单斜辉石两个亚族。按成分又可分为 4 个化学组：钙-镁-铁辉石组、钠-钙辉石组、钠辉石组和其他辉石组。它们之间存在着广泛的类质同象替代现象。但任一辉石中，X 阳离子的半径总是大于或等于 Y 阳离子半径。主要辉石矿物见表。

辉石晶体呈短柱状、柱状，横截面为正方形或八边形。集合体呈粒状、柱状或放射状等。但硬玉总是由很细小晶体紧密交织组成致密块状集合体。辉石有多种颜色，从白色、灰色、浅绿色到绿黑、褐黑以至黑色，随含铁量的增高而变深；较为富镁的顽火辉石（原称古铜辉石）呈古铜色。辉石均呈玻璃光泽。莫氏硬度 5.0 ～ 7.0，其中硬玉和锂辉石硬度最高，钙-镁-铁辉石组的成员硬度稍低。辉石的密度也随成分而异，从锂辉石的 3.16 克 / 厘米^3 至铁辉石的 4.0 克 / 厘米^3 左右，主要随铁含量的增高而增大；但常见辉石的密度都介于 3.2 ～ 3.6 克 / 厘米^3 之间。辉石都具有平行柱面的中等解理，解理面夹角 87°。

辉石是镁铁质火成岩（基性岩、超基性岩）、高级变质岩（麻粒岩、榴辉岩）中的重要造岩矿物。其中普通辉石常见于火成岩、变质岩和月岩中。铁辉石在自然界很少见，但顽火辉石则是超基性、基性火成岩中很常见的矿物。较富铁的顽火辉石（原称紫苏辉石）产于深变质岩中，富镁的顽辉石常见于陨石中。透辉石和钙铁辉石是典型的夕卡岩矿物，透辉石在一些基性、超基性火成岩和高级区域变质岩中也有产出。霓石和霓辉石主要产于碱性火成岩中，它们在岩石学中常被称为碱性辉石。锂辉石只见于富锂的花岗伟晶岩中，晶体往往很大。美国南达科他州基斯通伟晶岩中的一个锂辉石晶体，大小约为 12 米 × 1.2 米 × 0.6 米，重将近 30 吨。中国新疆阿

透辉石 （3.3cm，奥地利）

锂辉石（6cm，阿富汗）

尔泰产出的一个锂辉石巨晶，重达 36.2 吨。此外，美国加利福尼亚、北卡罗来纳等州和巴西、马达加斯加等地也有著名的锂辉石产地。硬玉只见于变质岩中，缅甸的密支那流域和中国的西藏、云南等地是硬玉的著名产地。

锂辉石是提炼锂及其化合物的主要矿物，也是高级耐火材料。透明而呈淡紫色或祖母绿色的锂辉石分别称为紫锂辉石和翠铬锂辉石，可作为宝石。硬玉是最名贵的玉石，即翡翠的主要矿物成分。

[二十二、似辉石]

化学式与辉石相似、但不具有辉石结构的其他单链结构硅酸盐矿物的总称。它们与辉石的根本差别在于硅氧单链不是每隔 2 个硅氧四面体即重复一次，而是 3 个（如硅灰石 $Ca_3[Si_3O_9]$）、5 个（如蔷薇辉石 $Mn_5[Si_5O_{15}]$）、7 个（如三斜铁辉石 $Fe_7[Si_7O_{21}]$）等重复一次，并因而都属于三斜晶系。有些似辉石矿物分别与某些辉石（如铁辉石、钙铁辉石等）构成同质多象关系。

[二十三、硅灰石]

化学成分为 $CaSiO_3$，晶体属三斜晶系的硅酸盐矿物。其英文名称是以英国矿物学家和化学家 W.H. 沃拉斯顿（Wollaston）的姓氏命名的。$CaSiO_3$ 有高温相和低温相两种变体：三斜晶系的硅灰石和单斜晶系的副硅灰石属低温变体；三斜晶系的环硅灰石或假硅灰石属高温变体。在自然界，硅灰石最常见，副硅灰石与假硅灰石少见。硅灰石向假硅灰石转变的温度 1120℃±20℃。晶体为板状，并常呈柱状、针状、纤维状集合体。白色或带浅灰、浅红色调。玻璃光泽或珍珠光泽。解理完全。莫氏硬度 4.5～5.5。密度 2.75～3.10 克/厘米³。熔点 1540℃。绝缘性能好，有良好的化学稳定性，耐酸、耐碱、耐化学腐蚀，但在浓盐酸中分解形成絮状物。在高温加热条件下，硅灰石的化学性质活泼，可与高岭石、叶蜡石、滑石等矿物发生固相反应，使其成为生产陶瓷的重要原料。硅灰石是典型的变质作用产物，通常产于接触变质带，亦见于区域变质的碳酸盐建造中。硅灰石作为非金属矿物材料始于 20 世纪 30 年代，60 年代以后得到大量应用，需求量逐年增加。除主要作为陶瓷原料外，还用以制造涂料和颜料、塑料和橡胶中的填料，以及制造水泥和轻质、抗压、隔热、绝缘的建筑材料，在土壤改良、农肥、环保和造纸工业中也有广泛的应用前景。

［二十四、蔷薇辉石］

硅酸盐矿物，化学组成为 $(Mn, Ca)[SiO_3]$、晶体属三斜晶系。英文名称来自希腊语 rhodon，是"蔷薇"的意思，与矿物呈蔷薇红色有关。蔷薇辉石组成中，$CaSiO_3$ 组分通常不超过 20%，锰常被镁、铁、锌所替代，形成镁蔷薇辉石、铁蔷薇辉石、锌蔷薇辉石变种。北京昌平西湖村产的蔷薇辉石，含 MgO 达 2.62%，属富镁变种，曾名西湖村石。蔷薇辉石晶体呈厚板状或板柱状。一般呈粒状或致密块状集合体。浅粉红至玫瑰红色，表面氧化常有黑色的锰的氧化物、氢氧化物薄膜。玻璃光泽。解理完全或中等，解理夹角都近于 90°。莫氏硬度 5.5～6.5。

蔷薇辉石 （12cm，美国）

密度 3.4 ～ 3.75 克 / 厘米³。蔷薇辉石产于许多锰矿床中，通常是变质作用的产物。区域变质形成的蔷薇辉石，多为富锰、硅质沉积物反应的产物。接触变质形成的蔷薇辉石，主要由酸性岩浆岩与富锰碳酸盐岩石间的接触交代作用产生。也见于伟晶岩和热液矿床中。致密块状的蔷薇辉石可作为工艺美术品雕刻的材料。世界著名产地有德国哈茨山脉、俄罗斯乌拉尔山脉、巴西的珀鲁、澳大利亚的新南威尔士、美国新泽西州的弗兰克林和科罗拉多州的圣胡安山脉等。中国北京昌平西湖村、辽宁也有产出。

[二十五、角闪石]

硅酸盐矿物。化学通式为 $A_{0-1}X_2Y_5[T_8O_{22}](OH)_2$ 的一族双链结构矿物的族名。根据晶体所属晶系又可将其分为正交（斜方）角闪石亚族和单斜角闪石亚族。其英文名称来自希腊文 amphibolos。式中 A 为 Na、K、Ca、H_3O；X 为 Na、Li、K、Ca、Mg、Fe、Mn；Y 为 Mg、Fe^{2+}、Mn、Al、Fe^{3+}、Ti、Cr；T 为 Si、Al、Ti，其中以 Si 为主，Al 可代 Si 但 Al/Si 一般 ≤ 1/3，Ti 少见。（OH）可为 F、Cl、O 代。此族矿物中离子的类质同象代换十分普遍和复杂，并可形成许多类质同象系列，已确定的矿物种和变种超过百种。对此，1997 年国际矿物学会（IMA）提出了首先依据化学式中 X 组中的 $(Na+Ca)_x$ 与 Na_x 的原子数，将角闪石分为四个组的分类命名方案。①镁铁锰闪石 $(Ca+Na)_x < 1.34$；②钙闪石 $(Ca+Na)_x \geq 1.34$，$Na_x < 0.6$，通常 $Ca_x > 1.34$；③钠钙闪石 $(Ca+Na)_x \geq 1.34$，$0.67 < Na_x < 1.34$，$0.67 < Ca_x < 1.34$；④碱性闪石 $(Ca+Na)_x \geq 1.34$。矿物的具体分类实例见表。

主要角闪石族矿物的特征

亚族	成分分组	矿物名称及化学组成	晶系	形态	颜色	解理
斜方角闪石亚族	镁铁锰闪石组	直闪石 $Mg_7[Si_8O_{22}](OH)_2$	正交	柱、纤维状	灰、棕色	{210} 完全
		铁直闪石 $Fe_7[Si_8O_{22}](OH)_2$	正交	柱、纤维状	灰绿、绿棕	{210} 完全
		铝直闪石 $Mg_5Al_2[Si_6Al_2O_{22}](OH)_2$	正交	柱、纤维状	白、灰绿色	{210} 完全
		铁铝直闪石 $Fe_5Al_2[Si_6Al_2O_{22}](OH)_2$	正交	柱、纤维状	灰绿棕色	{210} 完全
单斜角闪石亚族		镁闪石 $Mg_7[Si_8O_{22}](OH)_2$	单斜	针、纤维状	浅绿、绿色	{110} 完全
		铁闪石 $Fe_7[Si_8O_{22}](OH)_2$	单斜	纤维、叶片、柱状	暗绿、褐色	{110} 完全
	钙闪石组	透闪石 $Ca_2Mg_5[Si_8O_{22}](OH)_2$	单斜	柱、纤维状	白色、绿色	{110} 完全
		阳起石 $Ca_2(Mg, Fe)_5[Si_8O_{22}](OH)_2$	单斜	针、放射状	浅绿、深绿	{110} 完全
		铁阳起石 $Ca_2Fe_5[Si_8O_{22}](OH)_2$	单斜	柱、放射状	深绿、黑绿	{110} 完全
		浅闪石 $NaCa_2Mg_5[Si_7AlO_{22}](OH)_2$	单斜	柱状	浅绿褐色	{110} 完全
		铁浅闪石 $NaCa_2Fe_5[Si_7AlO_{22}](OH)_2$	单斜	柱状	绿褐、褐色	{110} 完全
		韭闪石 $NaCa_2(Mg_4Al)[Si_6Al_2O_{22}](OH)_2$	单斜	柱、块状	浅褐、褐色	{110} 完全
		普通角闪石 $(Ca, Na, k)_{2-3}(Mg, Fe^{2+}, Fe^{3+}Al)_5[(Si, Al)_8O_{22}](OH, F)_2$	单斜	柱状	深绿至黑绿色	{110} 完全
		钛闪石 $NaCa_2(Mg_4Ti)[Si_6Al_2O_{22}](OH)_2$	单斜	柱状	棕色、黑色	{110} 完全
	钠钙闪石组	蓝透闪石 $(Ca, Na)Mg_4(Al, Fe^{3+})[Si_8O_{22}](OH)_2$	单斜	针状	浅蓝色	{110} 中等
		铁蓝透闪石 $(Ca, Na)Fe_4(Al, Fe^{3+})[Si_8O_{22}](OH)_2$	单斜	针状	深蓝色	{110} 中等
		红闪石 $Na(Ca, Na)Fe_4^{2+}(Al, Fe^{3+})[Si_7AlO_{22}](OH)_2$	单斜	柱状	红褐、蓝黑色	{110} 完全
	碱性闪石组	蓝闪石 $Na_2(Mg_3Al_2)[Si_8O_{22}](OH)_2$	单斜	柱、纤维、块状	蓝灰、蓝黑色	{110} 完全
		钠闪石 $Na_2(Fe_3^{2+}, Fe_2^{3+})[Si_8O_{22}](OH)_2$	单斜	长柱、针、纤维状	暗蓝、蓝黑色	{110} 完全
		亚铁钠闪石（钠铁闪石）$NaNa_2(Fe_4^{2+}, Fe^{3+})[Si_8O_{22}](OH)_2$	单斜	柱、针状	深绿、绿黑色	{110} 完全

角闪石族矿物的晶体结构如图 a 所示。硅氧四面体〔SiO_4〕以角顶相联结成双链〔Si_8O_{22}〕如图 a 之左图所示，双链沿 c 轴延伸，图下部示出了它在垂直 c 轴的切面上的投影；图 a 右图为角闪石族矿物晶体结构在垂直 c 轴切面〔即（001）面〕上的投影。

双链间以 Y 组阳离子连接，它们位于双链中活性氧及 $(OH, F)^{-1}$ 附加阴离子组成的较小空隙中，即 M_1、M_2、M_3 位；X 组阳离子位于上述双链带两侧较大空隙中，即 M_4 位；A 组阳离子位于硅氧四面体双链构成的"六方环"中心较宽大而连续的空隙中。由于双链是沿着一个方向延伸，所以晶体呈长柱状或纤维状。呈纤维状的角闪石矿物变种，统称角闪石石棉，有直闪石石棉、透闪石-阳起石石棉、钠闪石石棉等。矿物颜色决定于阳离子成分，当以钙、镁为主时，呈灰白色；随含铁量的增多，矿物呈浅绿色、绿色、直至绿黑色；含钠量较高的钠角闪石组矿物，多呈蓝灰色、灰蓝色、深蓝色至蓝黑色，少数呈灰色。玻璃光泽。有平行于柱面的两组完全解理，解理面夹角近于 124° 和 56°，解理与晶体结构的关

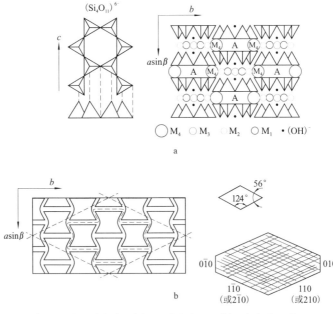

角闪石的晶体结构（a）及其与解理（b）的关系示意

系见图 b。莫氏硬度 5.5 ～ 6.0。密度 2.85 ～ 3.60 克 / 厘米 ^{3}。角闪石是火成岩和变质岩的主要造岩矿物。在火成岩中，常见的是钙角闪石组矿物，如普通角闪石（hornblende）、透闪石、阳起石、镁钙闪石、浅闪石和韭闪石等。不含钙的镁铁闪石很罕见。在区域变质岩中，不同组成的角闪石常常一起与斜长石、石英、黑云母、绿泥石和不透明的氧化物共生；在夕卡岩中，透闪石、铁阳起石常与硅灰石、钙铝石榴子石等含钙矿物共生。富含钠的角闪石，主要产于酸性岩、碱性岩、碱性伟晶岩、钠质粗面岩、钠质岩石形成的变质岩中。碱性火成岩或受钠质交代的岩石中，常见钠铁闪石与霓石共生。

[二十六、蓝闪石]

硅酸盐矿物，化学组成为 $Na_2(Mg_3Al_2)[Si_8O_{22}](OH)_2$，晶体属单斜晶系。英文名来自希腊语，是 "浅蓝色" 的意思。常有铁替代镁和铝，当 $Fe^{2+}/(Fe^{2+}+Mg^{2+}) \geqslant 0.5$ 时，称铁蓝闪石。常呈柱状、纤维状、放射状和块状集合体。浅蓝、蓝灰至蓝黑色，条痕灰蓝色。玻璃光泽。莫氏硬度 5.5 ～ 6.0。密度 3.2 ～ 3.4 克 / 厘米 ^{3}。两组柱面解理完全。蓝闪石产于低温高压条件下形成的蓝闪石片岩中，属变质成因矿物，被认为是板块俯冲带靠大洋一侧的特征矿物，常与硬柱石、硬玉、绿帘石、绿纤石、绿泥石、云母等矿物共生。由榴辉岩

锂蓝闪石放射状集合体 (15cm，新疆)

蚀变而成的蓝片岩中，蓝闪石常呈辉石的假像。

[二十七、透闪石]

硅酸盐矿物，化学组成为 $Ca_2Mg_5[Si_8O_{22}](OH)_2$，晶体属单斜晶系。英文名称取自首次发现地瑞士特雷蒙拉山谷（Tremola Valley）。常有铁替代镁，但 $Mg^{2+}/(Mg^{2+}+Fe^{2+}) = 0.9 \sim 1.0$；少量的钾、钠替代钙。晶体呈柱状或针状；常呈放射状、柱状、纤维状集合体。呈纤维状者，称透闪石石棉。呈隐晶致密块体者，称软玉。白色或灰白色。玻璃光泽，纤维状者呈丝绢光泽。莫氏硬度 $5.0 \sim 6.0$。密度 $3.0 \sim 3.2$ 克/厘米^3，随成分中含铁量增多而增大。平行柱面的两组解理完全。主要是钙、镁质碳酸岩经接触变质作用的产物，超基性岩经热液蚀变或变质作用也可形成透闪石。透闪石石棉用作各种石棉制品，透闪石质软玉是名贵玉石。

[二十八、阳起石]

硅酸盐矿物，化学组成为 $Ca_2(Mg, Fe)_5[Si_8O_{22}](OH)_2$，晶体属单斜晶系。英文名称来自希腊文 actis，"辐射"或"射线"的意思，因其针状晶体常呈放射状集合体形态产出。成分中常有铁替代镁，当铁含量超过镁，即 $Mg^{2+}/(Mg^{2+}+Fe^2) < 0.5$ 者，称铁阳起石。随着铁含量增多颜色加深，密度加大，呈浅绿至深绿色，密度 $3.1 \sim 3.3$ 克/厘米^3。玻璃光泽。莫氏硬度 $5.0 \sim 6.0$。柱面解理完全。主要产于接触交代的夕卡岩和低级区域变质岩中。在中国药典里，阳起石又称羊起石、阳石、白石，属温性补肾药。中国台湾及美国马萨诸塞州和佛蒙特州等地有玉石级的阳起石产出。

[二十九、蛇纹石]

层状结构硅酸盐矿物的总称。化学组成为 $Mg_6[Si_4O_{10}](OH)_8$。英文名称来自拉丁语 serpens，意指有些蛇纹岩的表面图案类似蛇的表皮。蛇纹石主要有叶蛇纹石（单斜晶系）、利蛇纹石（单斜晶系）和纤蛇纹石（单斜或正交晶系）三种同质多象变体。成分中常有铁、铝、锰、镍等替代镁，氟替代氢氧，形成锰叶蛇纹石、氟叶蛇纹石等许多成分变种。蛇纹石晶体结构单元层由硅氧四面体片和水镁石八面体片构成，由于两种多面体片的晶格尺寸不同，又要使二者能相匹配，蛇纹石的结构层常发生弯曲或卷曲，则使晶体呈波状弯曲的叶片状（叶蛇纹石、利蛇纹石）或卷成纤维状（纤蛇纹石），但卷曲方向可随种属不同而异；铝、铁等的类质同象替代会减弱结构层弯曲程度，使晶体呈片状或板状。纤维状蛇纹石称为蛇纹石石棉或温石棉。凝胶状蛇纹石是胶体成因的纤蛇纹石或利蛇纹石，或是两者的混合物，称胶蛇纹石。蛇纹石一般呈浅绿、黄绿、黑绿等色，色调变化较大；蛇纹岩随杂质不同有很大的变化，通常具有青绿相间的蛇皮状斑纹、含褐铁矿者呈褐红色。块状蛇纹石呈油脂光泽或蜡状光泽，纤维状蛇纹石呈丝绢光泽。莫氏硬度 2.5 ～ 3.5。密度 2.5 克 / 厘米 ^{3}。除纤蛇纹石外，都具有完全的底面解理。蛇纹石是富镁岩石（超基性岩或镁质碳酸岩）中的富镁矿物经热液交代变质而成。蛇纹岩是有广泛用途的重要矿产，可用作建筑装饰石材、复合钙镁磷肥原料，含 SiO_2 低者可作耐火材料；色泽艳丽、质地致密、可雕性好的块体，可作为装饰工艺品和玉石的原料；在美国宾夕法尼亚产出透明无色的纤维蛇纹石，是一种诱人的宝石石材；纤维状蛇纹石（温石棉）可制成各种石棉制品，广泛用于各行业。

[三十、石棉]

天然纤维状的或能劈分成纤维状的硅酸盐矿物的总称。石棉一词在希腊文中是"不会燃烧"的意思。根据矿物化学成分、晶体结构可将石棉划分为纤蛇纹石石棉、闪石石棉、水镁石石棉、坡缕石石棉、海泡石石棉、叶蜡石石棉等。其中产量和用量最大、分布最广的属纤蛇纹石石棉（又称温石棉），其次是闪石石棉（有直闪石石棉、透闪石-阳起石石棉、蓝石棉等）。区分这两类石棉的简便方法是把石棉放在研钵中研磨，蛇纹石石棉呈毡团状，纤维混乱交织、不易分开；而闪石石棉研磨后易分散成许多细小的纤维。上述矿物可形成独立矿床，有时也共存于同一矿床中，如水镁石-纤蛇纹石石棉矿床、坡缕石-海泡石石棉矿床。蛇纹石石棉含铁量一般很低或不含铁，呈白、浅黄、浅至深黄绿色，莫氏硬度 2.0～3.5，密度 2.4～2.6 克/厘米^3。闪石石棉含铁量较高，呈不同程度的灰色至褐色，含钠的闪石石棉则呈不同色调的蓝色；莫氏硬度 4.0～6.0，密度 2.83～3.30 克/厘米^3。未经劈分的纤维状石棉集合体呈丝绢光泽，劈分后的纤维光泽变暗。石棉除具有可劈分性和柔韧性外，还具有耐酸、耐碱、耐高温和绝缘性好等性能。从总体上看，蛇纹石石棉的可劈分性、柔韧性、抗拉强度、电绝缘性和耐高温性能都高于闪石石棉；而在耐酸、耐碱和防腐蚀性能方面，闪石石棉则优于蛇纹石石棉。工业上，根据纤维的长度，将蛇纹石石棉分成七种品级使用。纤维长并具有良好的挠性者用作各种纺织材料、石棉纸、密封制品、刹车片等；稍长的纤维用于石棉水泥制品、电气控制盘、绝缘板、石棉塑料制品等；短纤维或等外级石棉大量用于建筑行业，作为装饰板材、砖瓦、焊条、油灰腻子、油漆材料等。用闪石石棉制造的高压水泥管不仅能替代昂贵的钢管，还能有效运送强腐蚀性液体和毒气；蓝石棉还具有良好的吸附和过滤放射性物质的性能，对气溶胶过滤效率高达 99.9％，是防毒面具的重要材料；蓝石棉的增强塑料制品被广泛用于现代交通工具的传动部件、导弹和空间飞行器的发动机及排气锥体的内衬材料，火箭锥体头部、点火器和喷嘴

《中国大百科全书》普及版●五光十色——含氧盐矿物家族

wuguangshise hanyangyankuangwujiazu

材料等领域。自发现长期呼吸带有石棉尘的气体会诱发癌症以来，许多国家重视控制空气中石棉尘的浓度，加强石棉生产流程的治污管理，大力寻找石棉代用品。蛇纹石石棉主要形成于侵入体与富镁岩石（白云岩或白云质灰岩）的接触带、变质超基性岩的网状裂隙中。闪石石棉多在动力变质条件下，由含钠、镁质热液交代含铁硅质岩而成。垂直裂隙的石棉纤维称为横纤维，纤维一般小于30厘米长，蛇纹石石棉多以这种形式产出；平行裂隙方向延长的石棉纤维称纵纤维，其长度可达1米以上，蓝石棉多为纵纤维，其他石棉二者皆有。世界著名石棉产地有加拿大魁北克、俄罗斯中乌拉尔、南非北开普省和姆普马兰加省、澳大利亚哈默斯利山、美国佛蒙特州和亚利桑那州等。中国石棉资源丰富，探明储量居世界第二位、成为世界四大石棉生产国之一。闻名产地有四川石棉、河北涞源、云南德钦和墨江、青海茫崖、内蒙古察哈尔右翼中旗和白云鄂博等。

［三十一、高岭石］

硅酸盐矿物，化学组成为 $Al_4[Si_4O_{10}](OH)_8$，晶体属三斜晶系。以高岭石为主要矿物成分所组成的岩石（矿石）称高岭土，名称源于发现地中国江西景德镇附近的高岭村。古籍中的"玉岭土"、"明砂土"、"东埠土"等均为景德镇高岭村一带的高岭土。1869年德国人F.von李希霍芬著文将景德镇的高岭土译成kaoling；随后以kaolin广用于世。高岭石英文名是由kaolin演变而来。高岭石成分中常含少量钙、镁、钾、钠、铁、钛混入物。其结构的单元层是由一个硅氧四面体层与一个"氢氧铝石"层组成，高岭石单元层堆积重复数的不同，分别形成高岭石（一层重复）、迪开石（两层重复）和珍珠陶土（六层重复）三种多型。高岭石晶粒通常小于2微米。结晶度良好的高岭石，在电子显微镜下呈假六方片状晶体；结晶度差的，晶粒边缘呈弧状或不规则状。通常呈致密块状或土状集合体产出。纯者色白，含杂质时染成黄、绿、蓝、褐等各种颜色。底面解理完全。块状者呈土状光泽。莫氏硬度 2.0～2.5。密度 2.60～2.63 克／厘米^3。高岭石是分布最广泛的矿物之一，由富铝的岩浆岩或变质岩里的长石、云母、辉石、角闪石等矿物，在酸性的条件下，经风化作用、热液蚀变作用形成；风化形成的高岭石经流水搬运，沉积于海洋或湖沼里。由高岭石组成的黏土岩多呈白色、粒度细小，具良好的分散性、可塑性和绝缘性、强吸附性和烧结性，耐火度高，化学性能稳定等工艺性，是陶瓷、水泥、耐火材料工业的主要矿物原料。广泛用作造纸、油漆、塑料和橡胶的填料，用于合成催化剂和分子筛，化肥和农药的载体，用于制取铝的化合物和聚合物，作净化水质的材料等。中国高岭石的著名产地有江西景德镇、山西大同、江苏苏州、河北唐山、湖南衡山等。

[三十二、埃洛石]

含水层状硅酸盐矿物，化学组成为 $Al_4[Si_4O_{10}](OH)_8 \cdot 4H_2O$，晶体属单斜晶系。又称多水高岭石。英文名称取自该矿物的首次发现者 O. 德哈洛伊男爵奥马利乌斯（Baron Omalius D'Halloy）的姓氏。变种有铁埃洛石、铜埃洛石、镍埃洛石、铬埃洛石等。晶体结构似高岭石，但有层间水存在，故又称多水高岭石。在 50～90℃失去大部分层间水，成为变埃洛石。晶体呈管状，若有部分水失去，会展开管呈卷曲的鳞片状，在电子显微镜下可见晶体呈直的或弯曲的管状形态。集合体呈土状、粉末状或呈瓷状、蛋白石状致密块体，有时呈钟乳状，干燥后呈尖棱状碎块。白色，因杂质而染成各种色调。土状光泽或蜡状光泽。莫氏硬度 1.0～2.5。密度 2.0～2.6 克／厘米^3，随失水量的增多而增大。吸水性强、膨胀性差，粘舌。有滑感。离子交换能力介于蒙脱石与高岭石之间。可塑性比高岭石差。埃洛石是典型的表生矿物之一，主要产于岩石风化壳、硫化矿床氧化带里，与高岭石、三水铝石、一水硬铝石、水铝英石、钠明矾石等伴生。埃洛石脱水转变成变埃洛石，二者常伴生于同一矿床中。中国四川叙永以盛产埃洛石而闻名。其他产地有江苏苏州、南京栖霞山，西藏玉龙山，内蒙古，福建等。世界产地有法国的开道茵、美国科罗拉多州、

电子显微镜下埃洛石的晶体形状

俄罗斯乌拉尔、哈萨克斯坦、匈牙利等。埃洛石用途同高岭石，广泛用于陶瓷、造纸、化工、纺织、医药等部门。

[三十三、滑石]

化学组成为 $Mg_3[Si_4O_{10}](OH)_2$，晶体属三斜晶系的硅酸盐矿物。化学成分比较稳定，仅有少量铁、锰、铝替代镁。假六方片状单晶少见，常呈致密块状、叶片状、纤维状或放射状集合体。白色、灰白色或带浅黄、淡红、淡绿等色调的白色，也常被杂质染成各种颜色。玻璃光泽或蜡状光泽。底面解理完全，解理面上呈珍珠光泽。具很强的滑腻感。莫氏硬度 1.0。密度 2.58～2.83 克/厘米^3。耐强酸、强碱，化学稳定性好；具优良的电绝缘性、耐热性、分散性、易加工性；滑石煅烧后，硬度和机械强度大增，莫氏硬度可达到 6.0；收缩率和膨胀率都很小。被广泛应用于工农业各部门，用于制造特种陶瓷和耐火材料的原料；造纸、塑料、橡胶、油漆、纺织、医药、农药、食品、化妆品等工业用作填料、漂白剂、绝缘剂、载体、增强剂和润滑剂等。质软、滑腻、光泽柔和的块滑石用于雕琢工艺品的材料。滑石还是传统的中药。滑石属典型的热液蚀变矿物，通常是富镁岩石经热液

滑石（8cm，美国）

蚀变而成。蛇纹石化橄榄岩在晚期热水溶液及 CO_2 的作用下，也可形成滑石。所以滑石常呈橄榄石、顽火辉石、角闪石、透闪石、白云石等矿物的假像。中国滑石资源丰富，探明储量居世界前列。著名产地有辽宁海城、本溪，山东海阳、平度、莱州，四川冕宁，广西环江、桂林，新疆库米什等。世界滑石生产大国和著名产地还有日本的群马县和高知县，美国的蒙大拿、加利福尼亚和佛蒙特州，俄罗斯乌拉尔和东萨彦山，韩国的约安郡和淳井，印度的芬乃克斯等。

[三十四、叶蜡石]

硅酸盐矿物，化学组成为 $Al_2[Si_4O_{10}](OH)_2$。晶体属三斜或单斜晶系。英文名来自希腊文 pyro 和 phyllon，前者是"火"的意思，因古时用叶蜡石做耐火石或炉石；

后者是"叶片"的意思，因叶蜡石在吹管焰下会裂解成薄片，而成放射叶片状的集合体。在著名的彩石（玉石）中，叶蜡石是浙江青田石的主要组成矿物，也是浙江昌化石（鸡血石）、福建寿山石中或可见到的矿物。叶蜡石的成分变化一般不大，有少量铝替代硅，镁、铁替代铝。晶体少见，常呈鳞片状、叶片状或致密块状集合体。常呈白色、淡黄、淡绿或浅灰色；含铁的氧化物杂质者，呈浅红至褐色。玻璃光泽或油脂（蜡状）光泽。底面解理完全，解理面呈珍珠光泽。薄片无弹性、柔软。莫氏硬度 $1 \sim 1.5$。密度 $2.65 \sim 2.90$ 克 / 厘米 ^{3}。有良好的绝缘性、耐火性、耐酸性，导热率和导电率低，吸油率和遮盖率高等性能。主要用作陶瓷、耐火材料、玻璃纤维和白水泥的原料；用作造纸、塑料、橡胶、医药、糖果、化妆品、油漆的填料；杀虫剂的掺合剂，农药的吸收剂等；质地好的叶蜡石块乃是印章和雕刻的优质原料。世界叶蜡石主要生产国为日本、韩国、澳大利亚、美国、加拿大、巴西、俄罗斯、哈萨克斯坦等。中国浙江昌化、青田和上虞，福建福州寿山和峨嵋，江西上饶下高州、龙门，内蒙古、广东都盛产叶蜡石。

叶蜡石（5cm，江苏）

[三十五、迪开石]

硅酸盐矿物，化学组成为 $Al_4[Si_4O_{10}](OH)_2$，晶体属单斜晶系。英文名称取自苏格兰冶金化学家 A.B.迪克（Allan Brugh Dick）的姓氏。晶体呈鳞片状，鳞片尺寸可达 0.1～0.5 毫米；鳞片状或土状集合体。白色，或带有浅灰、浅黄绿等色调。暗淡光泽，解理面显珍珠光泽。莫氏硬度 2.5～3.5，密度 2.62 克/厘米^3。解理完全。迪开石系火山岩热液蚀变的产物，最先发现于热液矿床的矿脉和晶洞中，也产于砂岩、岩石风化壳。中国广东阳春多金属矿脉中的迪开石与磁黄铁矿、黄铜矿、方铅矿等共生。中国江苏苏州、江西上饶，美国科罗拉多州，日本胜光山等地均有产出。

[三十六、云母]

化学组成 $XY_{2\sim3}[Z_4O_{10}](OH, F)_2$，晶体属单斜晶系的层状结构硅酸盐矿物族的总称。英文名称来自拉丁语 micare，是"发亮"的意思。中国古代称云母为"天皮"、"地金"，内蒙古云母产地天皮山也以此得名。化学式中，X 主要是钾，其次是钠、钙等离子，它们位于 2∶1 型结构单元层的层间。Y 代表结构单元层内八面体片中的阳离子，主要是铝、镁、铁或锂，锰、铬、钛等次之。按 Y 阳离子是三价还是二价，划分出二八面体型和三八面体型云母；二八面体型云母阳离子数为 3，三八面体型云母阳离子数为 2；二者之间存在过渡型的云母，但数量不多。Z 代表硅氧四面体中的阳离子，基本是硅和铝，硅铝比值为 3∶1 左右。常有氟替代羟基。随结构单元层堆垛方式的变化，可形成各种云母多型，最常见的是单斜晶系的 1M 和 $2M_1$ 多型，其次为三方晶系的 3T 多型，正交（斜方）和六方晶系的多型少见。

云母族矿物中，最常见的矿物种有白云母、黑云母、金云母、羟铁云母、锂云母（又称鳞云母）、铁锂云母、珍珠云母等，其主要特征见表。由于广泛的类质同象置换，形成诸多成分变种，如铬白云母、多硅白云母、水白云母、铝金云母、

云母族矿物的主要特征

矿物名称及化学组成	晶系	形态	颜色	莫氏硬度	密度 (g/cm^3)	解理	附注
白云母（muscovite） $KAl_2[AlSi_3O_{10}](OH,F)_2$	单斜	片状	无色、灰白	2.5～3.0	2.7～2.9	极完全	白色云母
金云母（phlogopite） $KMg_3[AlSi_3O_{10}](OH,F)_2$	单斜	板、片状	棕、黄色	2.0～3.0	2.7～2.9	极完全	棕色云母
黑云母（biotite） $K(Fe,Mg)_3[AlSi_3O_{10}](OH,F)_2$	单斜	片、板状	棕、黑色	2.5～3.0	2.7～3.3	极完全	黑色云母
羟铁云母（annite） $KFe_3[AlSi_3O_{10}](OH,F)_2$	单斜	板、片状	棕褐、黑色	2.5～3.0	3.2～3.5	极完全	
锂云母（lepidolite） $K(Li_{2-x}AL_{1+x})[Al_{2x}Si_{4-2x}O_{10}](F,OH)_2$ $x=0～0.5$	单斜	鳞片、片状	玫瑰、浅紫	2.0～3.0	2.8～2.9	极完全	鳞云母
铁锂云母（zinnwaldite） $K(Li,Fe,Al)_3[AlSi_3O_{10}](OH,F)_2$	单斜	板、鳞片状	灰褐、深褐	2.0～3.0	2.9～3.2	极完全	
珍珠云母（margarite） $CaAl_2[Al_2Si_2O_{10}](OH)_2$	单斜	叶片状	灰黄色	3.5～4.5	3.0～3.2	极完全	脆云母

铝黑云母、铁黑云母等。

云母通常呈假六方片状、板状、柱状。晶体尺寸变化很大，从微米级隐晶质至数米级巨晶，加拿大安大略省曾产出板面尺寸为 10.06 米 ×4.27 米的云母巨晶，重量超过 300 千克。一些白色云母（通常是白云母或钠云母）则呈微细片状或隐晶块状，又称绢云母（sericite）。云母的颜色将随铁含量的增多而变深。白云母呈浅色或无色透明；金云母含铁量低，多呈黄色、浅棕、浅绿色，无色的少；黑云母和羟铁云母含铁量较高，为红棕、深褐、暗绿、至黑色；锂云母常呈淡紫色、玫瑰红色；含铁量高的铁锂云母则呈灰褐至深褐色。玻璃光泽，解理面上呈珍珠光泽，绢云母呈丝绢光泽。莫氏硬度 2.0 ～ 3.0。密度 2.7 ～ 3.5 克 / 厘米^3。底面解理极完全，解理片具有弹性；用尖针冲击或用钝针施压于云母解理薄片均会出现三组相交呈六射形的裂纹，分别称为打像和压像；但二者裂开方向不同，打像中最长的裂纹平行 a 轴，而压像裂纹则与打像裂纹垂直。

云母族矿物分布广，能在各种地质条件下形成，是火成岩、沉积岩和变质岩的主要造岩矿物之一。许多有工业价值的云母主要来源于伟晶岩和变质岩。其中，片状白云母、黑云母、锂云母、铁锂云母的工业矿床主要产于花岗伟晶岩中；片状金云母主要产于镁质碳酸盐夕卡岩和超基性-碱性杂岩体中。细粒绢云母一般与热液蚀变作用有关。变质形成的云母种类与原岩成分及变质程度有关，富镁碳酸盐岩石变质易成金云母；富铝岩石变质易成白云母和黑云母。印度、美国、俄罗斯、法国、巴西等是世界云母生产大国，著名产地有印度的比哈尔邦、安得拉邦和拉贾斯坦邦，俄罗斯的伊尔库茨克州和卡累利阿-科拉半岛地区，巴西的米纳斯吉拉斯州、美国的北卡罗来纳州。中国云母资源丰富、分布广泛，著名产地有内蒙古察哈尔右翼前旗的土贵乌拉、四川丹巴、新疆阿尔泰阿尤布拉克等。

云母是重要的工业矿物，其工业价值取决于云母的可利用面积和厚度、劈分性、颜色、透明度、弹性、电绝缘性等。白云母和金云母含铁量低，易劈分，弹性、电绝缘性、隔热性能、化学稳定性和抗压性能都很好，被广泛用于电子、电机和电气工业、航天航空及国防等尖端工业。一般大片云母用于制造电动机、高压电气机、发电机、电子计算机、电视机、电子显微镜、电子示波器、雷达线路中无

黑云母（14cm，新疆）

线电的元件，导弹和人造卫星上用的大容量电容器和电子管材料等。云母碎片和粉末用作填料、塑料增强剂，铸铝复合材料、云母纸、云母陶瓷、涂料、硅油和珍珠颜料等。锂云母、铁锂云母还是提取锂的主要矿物原料。

金云母（1.5cm，新疆）

［三十七、蛭石］

硅酸盐矿物，化学组成为 $Mg_x\{Mg_{3-x}[AlSi_3O_{10}](OH)_2\} \cdot 4H_2O$，晶体属单斜晶系。首次发现于美国马萨诸塞州。英文名称来自拉丁文 vermiculare，因加热时能迅速膨胀、弯曲，形似水蛭（蚂蟥）状，故称为蛭石。蛭石化学成分变化大，有铁、铝、铬、镍、锂替代八面体层内的镁；结构单元层间的阳离子，除镁之外，可以有钙、钾、钠、铷、铯等大阳离子。它的阳离子交换容量、形成有机络合物能力都与蒙脱石相似。呈片状、土状、粉末状。一般呈褐色、褐黄色、暗绿色和黑色等。油脂光泽、珍珠光泽或土状光泽。底面解理完全，解理薄片无弹性或微具弹性。莫氏硬度 1.0～1.5。密度 2.1～2.7 克/厘米³。蛭石除加热能沿 c 轴膨胀 15～40 倍外，将蛭石浸泡在过氧化氢、弱酸及其他电解质中也会膨胀。加热后的膨胀蛭石呈银灰色，结构层间充满空气，使其密度降到 0.6～0.9 克/厘米³，同时具有很高的隔热、吸音、耐冻、抗菌、防火、绝缘等性能，而得到广泛应用。主要用于建筑材料、绝缘材料和农业领域。用作充填隔离层的松散品绝缘材料，灰浆和混凝土的轻质骨料。制造各种蛭石质的板料和砖块，起到保温隔热、隔音、防火、节能的作用。用作机械润滑剂，油的吸附剂，处理核裂变废水的阳离子交换剂，橡胶、塑料、涂料的填充料。在农业领域用作土壤调节剂、肥料和农药载体。蛭石通常由云母经低温热液蚀变或风化而成。世界上一些重要的蛭石产地，多数与超基性岩、基性岩有关。美国和南非是世界蛭石生产大国，其次是日本、巴西、阿根廷、印度等。著名产地有美国蒙大拿州和南卡罗来纳州、南非的帕拉博腊、俄罗斯乌拉尔等。中国内蒙古固阳县和乌拉特前旗、山西河北村、河南唐河、新疆尉犁、四川南江等地均有产出。

[三十八、伊利石]

含水层状硅酸盐矿物，化学组成为 $K_{1-x}(H_2O)_x\{A_{l2}[Al_{1-x}Si_{3+x}O_{10}](OH)_2\}$（$x=0.25\sim0.50$），晶体以单斜晶系为主。因最早发现于美国伊利诺伊州而得名。晶体结构与白云母类同，属 2:1 型单元层、二八面体型结构，有 1M、$1M_d$、$2M_1$ 和 3T 等多型变体。与白云母不同的是，层间钾的数量比白云母少，而且有水分子存在。因此伊利石又称水白云母，有人把它作为水云母的同义词。伊利石常与蒙脱石构成混层矿物或间层矿物。伊利石常呈极细小的鳞片状晶体，透射电子显微镜下呈不规则的片状、不完整的六边形和板条状；通常呈土状块体产出。伊利石黏土一般呈白色，也常被杂质染成灰白、浅黄绿、淡褐色等。底面解理完全。莫氏硬度 $1.0\sim2.0$（新鲜矿石的硬度为 1.0；长时间暴露于空气中，因失水使硬度变为 $1.5\sim2.0$）。密度 $2.5\sim2.9$ 克／厘米 ^{3} 。不具膨胀性及可塑性，耐热度不高。伊利石是黏土及黏土质岩石中常见的矿物之一，主要由火山碎屑岩经热液交代蚀变，岩石中白云母、钾长石风化而成。伊利石是种新开发利用的矿物。伊利石黏土能降低烧成温度、节约能源。可作为新型陶瓷的矿物原料，用于生产汽车外壳的喷镀材料及电焊条，耐高温汽缸的助熔剂，处理核废料的吸附剂，放射性贮藏器中的缓冲剂，空气净化和废气处理材料，塑料、油漆、橡胶、化妆品的填充料，造纸业的涂料，制作农肥的原料和土壤的改良剂。

[三十九、蒙脱石]

化学组成为 $(Na, Ca)(Al, Mg)_2[Si_4O_{10}](OH)_2 \cdot nH_2O$，晶体属单斜晶系的含水硅酸盐矿物。首先发现于法国利摩日附近的 Montmorillon，因此而得名。又称微晶高岭石或胶岭石。蒙脱石属 1∶1 型单元层结构，在相邻单元结构层之间，存在交换性阳离子钠、钙及水分子，有机分子也能进入层间。蒙脱石颗粒细小，在电子显微镜下晶粒大小为 0.2～1 微米；一般呈不规则鳞片状、球粒状。常呈块状或土状集合体产出。颜色为白色、浅灰白色、浅绿或淡红色。土状光泽或暗淡光泽。莫氏硬度 2.0～2.5。质地柔软、有滑感。密度 2.0～2.7 克/厘米³。遇水体积膨胀，可达 30 余倍，并呈糊状。在 100～200℃条件下，层间水分子的逸出并不破坏单元层的结构，又可重新吸附水分子或其他极性分子进入层间。蒙脱石这种晶体结构与晶体化学性质，使它具有很强的吸附性、离子交换性、膨胀性、分散性、润滑性、可塑性、黏结性等。蒙脱石是组成膨润土的主要矿物成分，根据蒙脱石成分中钠、钙的含量多少，划分出有钠基和钙基膨润土两种，二者性质的差异决定了不同的应用范围。蒙脱石是用途很广的非金属矿物，主要用作石油钻探的优质泥浆；铸型砂和铁矿球团的黏合剂；化工业的油脂脱色剂、裂化剂、催化剂、润滑剂、干燥剂；还用作造纸、橡胶、塑料、化妆品的填充剂；矿物饲料、化肥的添加剂；土壤的改良剂；环保用作净化污水剂等。蒙脱石主要形成于海相或陆相沉积环境，是各种富含铝硅酸盐矿物的风化产物，在碱性条件下热液蚀变或沉积变质作用也可形成蒙脱石。常见于现代土壤和海洋沉积物中。世界蒙脱石资源丰富，美国、格鲁吉亚、土库曼斯坦是生产大国。著名产地有美国的怀俄明、明尼苏达，格鲁吉亚的阿斯坎，土库曼斯坦的奥格兰雷，意大利的撒丁岛，希腊的米洛斯岛等。中国主要产地有河北宣化、内蒙古兴和、江苏句容、浙江临安、安徽屯溪和嘉山、湖南醴县、新疆托克逊、辽宁黑山、吉林九台等地。

[四十、皂石]

硅酸盐矿物，其成分为 $(Na,Ca)_x(Mg, Fe)_3[Al_xSi_{3-x}O_{10}](OH)_2 \cdot 4H_2O$，晶体为单斜晶系。名称来自拉丁文 sapo，因其外形似肥皂而得名。属蒙皂石族。皂石以成分中含二价的镁、铁、锌而区别于含三价铝的蒙脱石。富镁、铁、锌的皂石变种，分别称为镁皂石、富铁皂石和锌皂石。蒙皂石族矿物的一个重要特征是结构单元层间充填了水分子和可交换性的阳离子，并能吸附有机分子。皂石常呈肥皂状的块体。白色或浅黄色、浅灰绿色、浅红色、浅蓝色。油脂光泽。柔软可塑、可切割、有滑感，干燥时性脆。一组解理完全。莫氏硬度 1.0。密度 $2.24 \sim 2.30$ 克 / 厘米^3。由超基性岩、基性岩风化或蚀变而成。产于蛇纹岩中，也见于玄武岩或辉绿岩的孔穴内。蒙皂石族矿物可用作增稠剂、悬浮剂、乳胶稳定剂、吸附剂、润滑剂、填充剂等，广泛用于石油、纺织、橡胶、塑料、造纸、制药、肥皂、化妆品、精细化工等部门，在钻探中也用作泥浆的原料等。

[四十一、绿泥石]

化学组成为 $(Mg, Fe, Al)_3 [(Si, Al)_4O_{10}](OH)_2 \cdot (Mg, Fe, Al)_3(OH)_6$，晶体主要属单斜晶系的一族硅酸盐矿物。英文名称来自希腊文 chloros，是"绿色"的意思。广泛的类质同象替代，使成分复杂，可划分出叶绿泥石、斜绿泥石、透绿泥石、辉绿泥石、铁镁绿泥石、铁绿泥石、铁叶绿泥石、鲕绿泥石、鳞绿泥石等多种矿物种。需要通过光性的精确测定才能将它们区分开。通常将绿泥石简单分成富镁的和富铁的绿泥石两类，即富镁的正绿泥石和富铁的鳞绿泥石。绿泥石的晶体结构由带负电荷的 2:1 型结构单元层 $(Mg, Fe, Al)_3[(Si, Al)_4O_{10}](OH)_2$ 与带正电荷的八面体层 $(Mg, Fe, Al)_3(OH)_6$ 交替组成。绿泥石多型发育，分属单斜、三斜和斜方晶系，多型的种类与其成分的变化和形成条件有关。晶体呈假六方片状或板状，常呈鳞片状、土状、块状集合体。绿泥石颜色随成分而变，富镁者呈浅浊绿色；随含铁量的增多，色加深呈深绿至黑绿色。玻璃光泽至无光泽，解理面可呈珍珠光泽。莫氏硬度 2.0 ～ 3.0。密度 2.6 ～ 3.4 克 / 厘米 ^{3}。密度随成分中含铁量的增多而增大：叶绿泥石、斜绿泥石含铁量低，在 2.6 ～ 2.8 之间；富铁的鲕绿泥石、鳞绿泥石，在 3.0 ～ 3.4 之间。底面解理完全，解理薄片柔软、有挠性。溶于强酸。绿泥石主要是中、低温热液作用及浅变质作用和沉积作用的产物。在火成岩中，绿泥石多数是辉石、角闪石、黑云母等蚀变的产物。广泛分布于沉积岩中：近海沉积物中的绿泥石与海绿石紧密共生；由海相沉积而成的鲕绿泥石，在沉积铁矿中常呈鲕状、纤维状或鳞片状，与高岭石等黏土矿物、铁的氧化物、菱铁矿等共生，其含量达到工业利用指标时，可作铁矿石开采。

[四十二 、海绿石]

硅酸盐矿物，化学组成 (K, Na)(Al, Fe, Mg)₂[(Si, Al)₄O₁₀](OH)₂，晶体属单斜晶系。化学成分与云母相似，与云母比较，海绿石的 Al/Si 比值和钾的含量较小，钠替代钾的数量可达 0.5 %。海绿石中钾和铁离子含量随着产出的地质时代和岩性的不同而异，一般早古生代产出的海绿石，钾的含量较高；现代海洋沉积物中产出的海绿石，铁的含量较高。常呈细小的球粒状、鲕状、叶片状、板状、蠕虫状，分布于硅质或黏土质的碳酸盐岩中。新鲜海绿石呈翠绿色、暗绿色至绿黑色。不透明。莫氏硬度 2.0 ～ 3.0。性脆。密度 2.2 ～ 2.8 克 / 厘米 ^{3}。海绿石含钾，并具有离子交换性能，主要用作钾肥、处理水质和改良土壤。经处理的海绿石能吸附水中的镁、钙离子，释放出钠离子，清除水中可溶性的铁盐和锰盐。还可用作颜料、玻璃的抛光剂等。美国、比利时、澳大利亚、苏联（俄罗斯）、日本等国对海绿石开发应用较早。中国河北、湖北、辽宁、云南等地均有产出。海绿石是典型的海洋沉积产物，形成于水深 100 ~ 300 米的浅海环境，也发现于 300 ~ 500 米深处的绿色淤泥和砂中，与蒙脱石、石英等共生。

[四十三、葡萄石]

硅酸盐矿物，化学组成为 $Ca_2Al[AlSi_3O_{10}](OH)_2$，晶体属正交（斜方）晶系。英文名称取该矿物的发现者 H. 冯·普雷赫恩（Prehn）的姓氏。晶体呈柱状、板状；集合体呈板状、片状、葡萄状、块状等。白色、灰绿色、肉红色、黄色等。玻璃光泽。莫氏硬度 6.0 ~ 6.5。密度 2.80 ~ 2.95 克 / 厘米^3。解理完全。葡萄石属接触变质后期热液作用产物，是典型的热液矿物；也经常充填于玄武岩或其他火山岩的空洞里。在法国、瑞士、南非、美国等许多地方都有产出。中国辽宁的葡萄石产于碱性正长岩与石灰岩接触的夕卡岩中。呈浅绿色、黄绿色、半透明的葡萄石及灰绿色或白色的葡萄石，可作为宝玉石的矿物原料。

葡萄石（5cm，云南）

[四十四、海泡石]

层链状硅酸盐矿物，成分为 $Mg_4[Si_6O_{15}](OH)_2 \cdot 6H_2O$，晶体属正交（斜方）晶系。是由德国 A.G. 维尔纳于 1789 年发现并命名。希腊文 sepia，即"乌贼鱼"。意指这种白色、轻质、能浮于水面的纤维状黏土矿物与乌贼鱼的多孔骨骼相似而得名。

乌贼鱼骨骼在中药里，称"海螵蛸"。所以，有人把 sepiolite 译为"蛸螵石"。在实际工作中，还将纤维状海泡石称 α-海泡石；土状或致密块状者，称 β-海泡石。通常呈白色、浅灰、浅黄色，有时呈红、蓝、绿等色调，富铁的海泡石呈褐色。弱丝绢光泽或土状光泽，有时呈蜡状或珍珠光泽。有油脂感、黏舌、性脆。莫氏硬度 2.0～3.0，潮湿则软、干燥则硬。密度 1.9～2.1 克/厘米^3。海泡石的物理化学性质和工艺性能与坡缕石相似，其比表面积很大、可塑性好、膨胀率和收缩率低，并具有良好的吸附性、热稳定性、阳离子交换性、抗盐性、催化性、抗腐蚀性、抗辐射等性能，而被广泛应用。最早用于陶器生产和制作烟嘴，中国江西景德镇陶瓷业使用海泡石黏土有悠久历史。海泡石主要用作各类钻井的特种泥浆原料，它具有在高温条件下不胶凝的特性；用作吸附剂，处理各种污染源产生的含酸废气；在石油加工、油脂、酿造等工业，用作吸附剂、脱色剂、催化剂；还用作生产农肥的阻凝剂、饲料添加剂、农药载体和黏结剂等。海泡石可由沉积作用或由蛇纹岩蚀变而成。常与坡缕石、蒙脱石、高岭石、滑石、石英、一些碳酸盐和硫酸盐矿物共（伴）生。土耳其埃斯基谢希尔海泡石矿床产于蛇纹岩风化壳中，是世界上最大的海泡石矿。中国著名产地有江西乐平、湖南浏阳、安徽全椒等。

[四十五、坡缕石]

晶体属单斜晶系层链状结构硅酸盐矿物，化学成分为 $(Mg,Al)_2[Si_4O_{10}](OH) \cdot 4H_2O$。又称凹凸棒石。英文名称与产地有关。1862 年，首次发现于乌拉尔地区 palygorsk 矿山，1913 年，A.Ye. 费尔斯曼按产地命名。1935 年，在美国佐治亚州凹凸堡发现了与坡缕石化学组成、晶体结构相同的富镁黏土矿物，命名为 attapulgite（凹凸棒石）。它与早期发现的坡缕石，是成因产状不同的同种矿物。为统一这种矿物名称，国际矿物委员会于 1983 年推荐使用 palygorskite（坡缕石）。坡缕石通常呈白、浅灰、浅绿、褐黄色。晶体呈纤维状、针状；集合体呈土状、毛毯状或类似树皮状。有时像皮革或牛皮纸，裂片平坦，并能弯曲，俗称山软木。暗淡的丝绢光泽或土状光泽。莫氏硬度 2.0～3.0，加热到 700～800℃，硬度＞5。密度 2.05～2.32 克/厘米^3。解理完全。坡缕石如同海泡石具有良好的流变性（胶体性）、吸附性、催化性、阳离子交换等性能。吸水性强，吸水后不膨胀，具有黏性和可塑性；干燥后收缩性小。广泛用作钻井胶体泥浆，各种黏结剂，农药化肥混合溶液的悬浮剂和载体，贮藏室及多种环境去除硫化氢、三甲胺等有害气体的除臭剂。作为金属矿精选、炼糖及啤酒酿造过程，去除悬浊物的助滤剂。坡缕石对吸附液体中的醇类、醛类、酮类、脂类、芳香烃类、链烷类和环烷烃类有机物有明显效果。坡缕石和海泡石一样，也具有很高的化学惰性，是优质的化工吸附剂。还可用作太阳能储热材料、防腐涂层材料、建筑工业的绝热、隔音材料。经过热活化、酸（碱）活化或有机活化的坡缕石，还能有效提高比表面积、增强机械强度、改善亲和力、提高吸附性等重要性能。坡缕石可由沉积作用或由富含镁的岩石和基性火山灰蚀变而成，常与海泡石、蒙脱石、蛋白石、石英、白云石或方解石、一些硫酸盐和磷酸盐矿物共（伴）生。坡缕石是世界性的紧缺矿产资源，只有少数国家和地区有一定规模产出。主要产地有西班牙卡塞雷斯－托雷洪盆地、美国凹凸堡、俄罗斯乌拉尔、苏格兰设得兰群岛。中国江苏、安徽两省毗邻地区，贵州大方，四川珙县等地也有产出。

［四十六、长石］

化学组成为 M[T$_4$O$_8$] 的架状铝硅酸盐矿物的总称。多数晶体属于单斜晶系或三斜晶系。式中 M 主要是钾、钠、钙、钡；T 是硅和铝；O 是氧。英文名称来自德语 feldspath，当它引入英语时，就变成 feldspar，spar 形容易裂开、能形成闪光面的晶石，德语也随之改为 feldspart。长石端员组分主要有 4 种：$K[AlSi_3O_8]$（钾长石，Or）、$Na[AlSi_3O_8]$（钠长石，Ab）、$Ca[Al_2Si_2O_8]$（钙长石，An）、$Ba[Al_2Si_2O_8]$（钡长石，Cn）。许多长石是 Or－Ab－An 三组分以不同比例混溶而成；其中钾长石和钠长石（Or－Ab）可以在高温条件下完全混溶，温度降低混溶性减小；钠长石与钙长石（Ab－An）在任何温度下都能混溶；钾长石与钙长石（Or－An）几乎不混溶；钾长石和钡长石（Or－Cn）只能形成有限的混溶。

晶体结构　长石矿物具有相类似的晶体结构。基本结构是 $[TO_4]$ 四面体连接成四元环，一系列四元环连接成沿 a 轴延伸的折曲状的链，这些链再以共用四面体角顶的形式构成三维的硅（铝）氧骨架，大半径的钾、钠、钙、钡等离子位于骨架内的大空穴里。由钾、钠占据空穴者，称碱性长石或钾钠长石；由钠、钙占据空穴者，称斜长石或钠钙长石；由钡占据空穴者，称钡长石。长石晶体的对称性，取决于铝、硅排列的有序程度及金属阳离子配位数的变化。在高温条件下形成的长石，由于铝和硅呈无序排列，均属单斜晶系；随温度降低，铝占据四面体的有序度增高，使原来由单斜点群镜面联系的四面体不再是等效的，结构就变成三斜晶系对称。通常根据上述晶体化学特征，将长石分为：碱性长石（钾钠长石）、斜长石（钠钙长石）和钡长石三个亚族，但钡长石在自然界分布甚少。

碱性长石（alkali feldspar）。成分由 $K[AlSi_3O_8]$ 和 $Na[AlSi_3O_8]$ 构成类质同象系列，晶体属单斜或斜方晶系的长石矿物的总称。其中钾和钠呈简单的替代关系，而 Al/Si 比为 1∶3 常数值。碱性长石包括：单斜晶系的透长石、正长石，三斜晶系的微斜长石和歪长石。前三者是 $K[AlSi_3O_8]$ 的同质多象变体，统称为钾长石。钾长石成分中，都含有一定数量的钠长石（Ab）分子和低于 5%～10% 的钙长石（An）分子，有时也含极少量的钡长石（Cn）分子。正长石和微斜长石中，还常有少量铁替代铝。长石结构中 Al/Si 占位完全无序、有序度为 0 者，称高透长石；占位完全有序、有序度为 1 者，称最大微斜长石；有序度小于 1 的微斜长石，按其有序度的大小又可分为高微斜长石、中微斜长石、低微斜长石。

歪长石 (Na, K) [AlSi$_3$O$_8$]，又称钾高透长石，是 Or - Ab 系列中较富钠长石的成员（Ab 分子含量在 63％～ 90％）。钠长石（Ab）分子超过 90％者，称钠长石。钾长石在高温时形成均匀的混晶，温度下降会分离出两种晶体、并互相定向交生、形成条纹长石和反条纹长石。当基体组分是钾长石，条纹组分是钠长石时，称条纹长石；反之，称反条纹长石。在实际工作中，将肉眼可见条纹的，称显纹长石；借用显微镜才能见到条纹的，称隐纹长石。月光石就是钾长石和钠长石定向连生、形成了细密条纹，在特定方向上呈现浅蓝色浮光效应的一种隐纹长石。天河石是一种绿色的微斜长石。冰长石是钾长石的低温变种，其结构介于透长石和最大微斜长石之间，由透长石、正长石、微斜长石等组成的亚隐混合物。

斜长石（plagioclase）。化学成分为 Na[AlSi$_3$O$_8$] - Ca[AlSi$_3$O$_8$] 类质同象系列（Ab - An）的长石矿物的总称。绝大多数晶体属三斜晶系。化学组成中，常含有少量的钾长石（Or）和钡长石（Cn）；钾长石的含量是随着组成中钠长石含量的增高而增多；此外还含有少量的铁、钛、锰、镁、钡、锶等。斜长石可分为 6 个矿物亚种：钠长石（albite，Ab$_{100～90}$An$_{0～10}$）、奥长石（oligoclase，Ab$_{90～70}$An$_{10～30}$）、中长石（andesine，Ab$_{70～50}$An$_{30～50}$）、拉长石（labradorite，Ab$_{50～30}$An$_{50～70}$）、培长石（botownite，Ab$_{30～10}$An$_{70～90}$）、钙长石（anothite，Ab$_{10～0}$An$_{90～100}$）。其中钠长石有三个变体：单钠长石（monalbite）、高钠长石

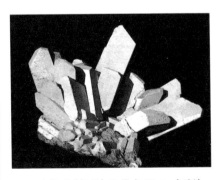

a　正长石（板状）晶簇（ħ25cm，朝鲜）　　　b　正长石柱状平行连晶（ħ22cm，河北）

长石的晶体形态

（highalbite）、低钠长石（lowalbite）。这些亚种、变体的准确鉴别，需借助显微镜和X射线分析手段。通常也按$An_{0\sim30}$、$An_{30\sim60}$、$An_{60\sim100}$分别称为酸性、中性、基性斜长石；还常用含An组分摩尔百分数的多少，给斜长石不同的牌号。如成分为$Ab_{80}An_{18}Or_2$的奥长石，牌号为18。在斜长石矿物中，除高温条件下形成的An小于12%单钠长石属单斜晶系外，均属三斜晶系。在钠钙长石系列中，由于钙长石的C_0值为钠长石的两倍，使二者在常温下不能形成连续的固溶体，从而产生一系列固溶体离溶或连生的现象。所谓晕长石（peristerite）就是$An_2\sim An_{25}$范围内，由两种斜长石呈叶片状连生所组成，由于这种连生能表现出浅蓝色至乳白色的晕彩，因此而得名。类似晕长石连生现象广泛分布在$An_{25}\sim An_{90}$范围里，如呈蓝紫彩斑状的拉长晕彩、存在于$An_{47}\sim An_{58}$斜长石中的勃吉尔德连生和$An_{67}\sim An_{90}$斜长石中的胡腾洛赫连生等。不同斜长石晶片的密集连生所呈现的晕彩效应，是光在一系列连生体界面上的反射及干涉造成的。斜长石的环带构造十分发育。当晶体核部An含量高于边部时，称正常环带；反之，称为反环带。无论是正常环带，还是反环带，从晶体核部到边部的成分变化都有连续和不连续之分。由An含量不同的斜长石多次反复构成的环带，称韵律环带。斜长石的环带构造，为研究矿物生成条件提供丰富的信息。

晶体及双晶　长石晶体常呈柱状或板柱状。长石双晶十分发育，双晶律多达20余种，最常见的双晶示于下图和表。长石本是无色透明或白色，常被杂质染成浅黄、粉红、深灰、黄褐等色。有的长石在转动时，呈现变彩效应，如月光石，其彩晕是钾长石与钠长石定向连生所致；当斜长

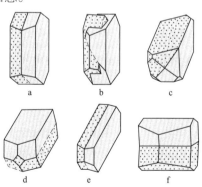

长石中几种常见的双晶形态
a 卡斯巴律接触双晶　　　b 卡斯巴律贯穿双晶
c 巴温诺律双晶　　　　　d 曼尼巴律双晶
e 钠长石律聚片双晶　　　f 肖钠长石律聚片双晶

石中含有金属包裹体，可呈现砂金效应，如日光石，是斜长石中含有赤铁矿、针铁矿等微细晶片，而呈现出红色或金黄色彩特征。长石莫氏硬度 6.0。密度以钡长石最高，达 3.39 克 / 厘米 ^{3}。碱性长石和斜长石密度在 2.56 ～ 2.76 克 / 厘米 ^{3} 范围内变化，随成分中 An 含量的增高而增大，随 Or 含量的增高而减小。有两组完全至中等解理。单斜晶系的长石，两组解理夹角为 90°；三斜晶系的长石，夹角接近于 90°。

分布和用途　长石是地壳中分布最广的矿物，约占地壳总重量 50％，是岩浆岩、沉积岩和变质岩重要的造岩矿物。自然界的长石并不稳定，在风化作用和热液作用条件下，易分解为高岭石、绢云母、沸石、葡萄石等。富含 An 的碱性长石，易转变成绿帘石、黝帘石、方解石等矿物，同时释放出 Ab 分子。

长石是重要的工业矿物。主要用作陶瓷坯料和釉料、玻璃熔剂、搪瓷配料和磨料等。天河石、日光石、月光石等色泽艳丽的长石，可作为彩石和宝石。中国主要长石产地有陕西临潼，山西闻喜，山东新泰，湖南衡山，四川旺苍、南江，辽宁凤城、海城和北京等。

长石中常见的双晶律

双晶律名称	双晶轴	接合面	双晶类型及分布
钠长石律	垂直 (010)	(010)	通常为聚片双晶，仅见于三斜晶系长石中
曼尼巴律	垂直 (001)	(001)	简单的接触双晶
巴温诺律	垂直 (021)	(021)	简单的接触双晶，亦可呈四连晶，斜长石中少见
卡斯巴律	c 轴	一般为 (010)	简单的接触或贯穿双晶
肖钠长石律	b 轴	平行 b 轴的菱形切面	聚片双晶，仅见于三斜晶系的长石中
钠长石－卡斯巴律	平行 (010) 且垂直 (001)	(010)	聚片双晶，仅见于斜长石中

[四十七、似长石]

化学组成与长石相似，但比长石富钾、钠、钙、铝和贫硅的一些无水架状结构铝硅酸盐矿物的总称。又称副长石。包括霞石、白榴石、方柱石、方钠石等。所以，似长石矿物大都产于富碱贫硅的条件下，是碱性岩、超基性岩或碱性岩与石灰岩、白云岩的接触带里，不与或极少与石英共生。晶体结构比长石松弛，有大小不同的、有一定联系的空穴或空洞，这些空穴分别容纳较大半径的钾、钠、钙、铯、锂等阳离子和 F、Cl、OH、CO_3、SO_4、H_2O 等附加阴离子、络阴离子或水分子。所以，似长石矿物的密度、硬度、折射率、双折射率都比长石矿物低。霞石、白榴石是制造陶瓷、玻璃、颜料、涂料、化肥和提取钾、铝的矿物原料。有些方柱石和方钠石可用作宝石矿物材料。

[四十八、白榴石]

化学组成为 $K[AlSi_2O_6]$，晶体属四方晶系的硅酸盐类似长石矿物。成分中的钾可部分被钠和钙所代替。英文名称来自希腊文 leukos，是"白色"的意思，表明了白榴石颜色的特征。假等轴状晶体，呈完好四角三八面体晶形，实为依高温等轴晶系 β－白榴石形成的副像。有时呈立方体和菱形十二面体的聚形晶。白色、带浅黄或淡红的炉灰色。玻璃光泽或暗淡光泽，贝壳状断口显弱油脂光泽。莫氏硬度 5.5～6.0。密度 2.40～2.50 克／厘米³。解理极不完全。一般呈自形的斑晶出现于富钾贫硅的喷出岩及浅成岩中。世界著名的白榴石产地有意大利的维苏威火山、美国的留沙特希尔（意译即为"白榴石山"）。一些钾石盐或铝土矿资源不足的国家利用白榴石提炼钾、铝氧化物。白榴石经后期溶液作用，常转变为霞石和钾长石，但仍然保留白榴石的外形，称为"假白榴石"或"变白榴石"。白榴石受风化，在转变成高岭石等黏土矿物过程中，部分钾会转入溶液，使土壤肥沃。

[四十九、方柱石]

硅酸盐矿物，化学组成 $Na_4[AlSi_3O_8]_3(Cl, OH)$ － $Ca_4[AlSi_3O_8]_3(CO_3, SO_4)$ 的完全类质同象系列，晶体属四方晶系。属似长石矿物。固溶体 2 个端员矿物是钠柱石和钙柱石。在自然界未发现纯钠柱石和钙柱石，任一端员组分含量超过 80％的都甚少见。天然产出的方柱石成分，大多数在 Ca/(Ca+Na)=0.2 ～ 0.9 范围内，称

方柱石（直径 1.3cm，新疆）

普通方柱石。英文名称来自希腊文 skapos，"柱状物"的意思，因为这些矿物具有短而粗的柱状习性。晶体常呈四方柱状；集合体呈粒状、柱状或致密块体。无色、白、蓝灰、黄、紫、红褐等多种颜色，海蓝色者，称海蓝柱石。玻璃光泽。解理中等和不完全。莫氏硬度 5.0 ～ 6.0。密度 2.50 ～ 2.78 克/厘米^3，随钙的含量增加而增大。主要产于酸性或碱性岩浆岩与石灰岩或白云岩接触交代的夕卡岩、钙质岩石的区域变质岩中。在火山岩的气孔中常见晶簇状无色方柱石。遭风化和热液作用可转变成高岭石、绿帘石、云母。色泽美丽的方柱石可作为宝石。世界主要产地有缅甸莫谷、巴西圣埃斯皮里图、俄罗斯西伯利亚、马达加斯加、美国东部地区等。中国山西绿片岩中的方柱石呈灰黑色、粗粒，含有大量电气石、黑云母、磁铁矿包裹体。

[五十、霞石]

硅酸盐类似长石矿物，化学组成为 (Na, K)[AlSiO$_4$]，晶体属六方晶系。成分中硅的含量一般多于铝，表现出铝的不足。英文名称来自希腊文 nephele，是"云彩"的意思，因为将霞石浸泡在酸中会变成云雾状而得名。晶体呈六方短柱状或厚板状，常呈粒状或致密块状。无色，灰白色，因含杂质而染成浅黄、浅绿、浅褐、蓝灰或浅红等色。玻璃光泽，断口油脂光泽。呈油脂光泽的致密块状霞石，又称脂光石。莫氏硬度 5.5 ～ 6.0。密度 2.55 ～ 2.66 克 / 厘米^3。无解理。性脆。主要产于与正长岩有关的碱性侵入岩、火山岩及伟晶岩中。挪威、加拿大是霞石最大生产国，在瑞典、俄罗斯的科拉半岛和伊尔门山、肯尼亚和罗马尼亚都有著名产地。中国辽宁、山西、四川、云南、安徽等省也有产出。主要用作玻璃和陶瓷工业的原料，橡胶、塑料、颜料、涂料的填充剂，生产矿棉和玻璃纤维的助熔剂，也用作生产氧化铝、碱金属碳酸盐、化肥的矿物原料。

[五十一、香花石]

硅酸盐矿物，化学组成为 Li$_2$Ca$_3$[BeSiO$_4$]$_3$F$_2$，属等轴晶系晶体。因发现于中国湖南香花岭而得名。晶体呈球粒状，小者粒径 0.2 ～ 2 毫米，大者粒径 5 ～ 7 毫米；粒状集合体。无色、微带黄的乳白色。透明。玻璃光泽。莫氏硬度 6.5。性脆。密度 2.9 ～ 3.0 克 / 厘米^3。是花岗岩与石灰岩接触交代的产物，

香花石（1.6cm，湖南）

接触带中有含铍的绿色和白色两种条纹岩，香花石晶体产于白色条纹岩中的黑鳞云母脉中，与锂铍石、塔菲石、尼日利亚石、金绿宝石、萤石等共生。

[五十二、铯榴石]

化学组成 $Cs[AlSi_2O_6] \cdot nH_2O$，晶体属等轴晶系的硅酸盐矿物。常呈细粒状或致密块状产出。美国南达科他州曾发现尺寸约 4 英尺的铯榴石块体。无色、白色或灰色，有时带浅红、浅蓝色调。玻璃光泽。莫氏硬度 6.5 ～ 7.0。性脆。密度 2.70 ～ 2.92 克 / 厘米 ^{3}，密度变化与含水量有关。无解理。主要产于花岗伟晶岩中，与磷锂铝石、锂辉石、锂云母、叶钠长石等共生。中国新疆、河南、陕西，意大利厄尔巴岛、俄罗斯科拉半岛、美国缅因州和马萨诸塞州等地均有产出。铯榴石是唯一的含铯的独立矿物，是提取铯元素的重要矿物。金属铯用于制造光电倍增管、红外瞄准镜、夜视镜、导弹用光电池、清洁剂、吸附剂、催化剂等，在电子、化工、国防工业等领域有重要用途。

[五十三、方钠石]

硅酸盐矿物，化学组成为 $Na_8[AlSiO_4]_6Cl_2$，晶体属等轴晶系。晶体呈粒状，常由菱形十二面体和立方体组成；集合体呈粒状或块体。颜色多种多样，有无色和白、灰、黄、绿、蓝、浅红等色。玻璃光泽。莫氏硬度 5.5 ～ 6.0。密度 2.13 ～ 2.29 克 / 厘米 ^{3}。解理中等。含 S^{2-} 的紫方钠石具有发光性，晶体的粉红色调在阳光下消失，置于暗室数周或经 X 射线照射又能恢复。有些方钠石在紫外光下呈橙红色的荧光。主要产于霞石正长岩及其伟晶岩中，在响岩、粗面岩等富钠贫硅的火山岩中也有产出。色泽艳丽的方钠石可作为宝石材料。俄罗斯乌拉尔山、加拿大的安大略、意大利的维苏威山、玻利维亚、德国、美国等地都有优质方钠石产出。

［五十四、沸石］

碱或碱土金属的含水铝硅酸盐矿物。1756 年瑞典矿物学家、化学家 A.F. 克龙斯泰德在冰岛玄武岩里首次发现。由于它在吹管加热下有发泡，似沸腾现象而得名。

一般化学式为 $R_m(Al, Si)_pO_{2p} \cdot nH_2O$，其中 R 是一价或二价碱或碱土金属元素；主要是 Ca 和 Na，其次是 K、Ba 等。其成分除含水分子外，与长石相似，也具有长石的类质同象替代类型。如：$NaSi - CaAl$、$KCa - BaAl$、$Ca - 2Na$、$Ba - 2K$ 等。

菱沸石（3cm，中国山东）

氧化铝与二氧化硅比值变化在 1∶5 ～ 1∶1；碱和碱土金属氧化物与氧化铝、氧与硅铝的比值是固定的，都等于 1∶1。在自然界已发现 40 余种沸石矿物，通常是依据氧化铝与二氧化硅比值及水的含量对其分类。常见沸石矿物特征见表。

沸石矿物晶体对称程度较低，以单斜、斜方对称为主，其形态随晶体结构类型和生成环境不同而异，多呈纤维状、柱状、板状和粒状。完整晶体少见，晶粒一般都很小。纯者呈无色或白色，常被染成各种浅色调。莫氏硬度 3.5 ～ 5.5。密度 2.0 ～ 2.3 克 / 厘米^3，含钡沸石达 2.7 ～ 2.8 克 / 厘米^3。较低的折光率 1.47 ～ 1.52 和重折率 0 ～ 0.05。加热失水剧烈。

沸石晶体结构是由 $[AlO_4]$ 和 $[SiO_4]$ 四面体以角顶相连构成三维骨架，骨架中存在宽阔的空腔及不同直径的空穴和孔道，碱金属、碱土金属和水分子分布在空腔和孔道中，金属阳离子与骨架的联系力弱。当加热或减压时，部分或全部水分子可从孔道里逸出，然后又重新吸水或吸附其他液体，而不破坏晶体结构。吸附能力与被吸附物质的极性、结构、大小等有关：极性强的分子、与沸石孔道尺寸相当者，首先被吸附。结构中的金属阳离子可与其他阳离子交换，交换结果对沸石结构影响很小，但能改变沸石性质。沸石对离子交换有选择性，受沸石自身结构（通道孔径尺寸、阳离子位置）、交换阳离子性质（离子半径、水合度、电荷数）及交换条件的影响。沸石比表面积很大，硅（铝）氧骨架上存在局部高电场和酸性位置，使沸石具有作为固体催化剂的固体酸性质。又由于沸石的表面 95% 以上是内表面，使其具有选择催化的特点。

沸石矿物的上述特性，已在建材工业、造纸工业、环境保护、农牧渔业及石油化工等领域得到广泛的应用。可利用沸石选择性地吸附 NH_3、CO_2、H_2S、SO_2 等分子，净化环境，分离氧和氮、净化天然气，纯化氢气或使硫酸等化工产品增产。利用沸石的离子交换性或固体酸性能，控制环境污染、处理三废、从海水中提钾、淡化海水、软化硬水、改良土壤等。利用沸石催化性能，提高石油的质量和产率。天然沸石矿物具有分布广、储量大、成本低等优点，但也存在纯度不高等不足之

沸石矿物特征

矿物名称与化学组成	晶系	形态	颜色	莫氏硬度	密度(g/cm³)	解理	其他
方沸石 $Na_2[AlSi_2O_6]_2 \cdot 2H_2O$	等轴	粒状	无、白、淡红	5～5.5	2.24～2.29	不完全	
菱沸石 $(Ca, Na_2)[AlSi_2O_6]_2 \cdot 6H_2O$	三方	菱面体状	无、白、浅红	4～5	2.05～2.10	中等	穿插双晶
钠菱沸石 $(Na_2, Ca)[AlSi_2O_6]_2 \cdot 6H_2O$	三方	菱面体、柱状	无、白、淡黄	4.5	2.1	中等	
交沸石 $Ba[AlSi_3O_8]_2 \cdot 6H_2O$	单斜	柱、板状	白、褐、红色	4.5	2.41～2.47	中等	十字双晶
八面沸石 $Na_2Ca[AlSi_2O_6]_4 \cdot 16H_2O$	等轴	曲棱八面体状	无、黄色	5.0	1.92	中等	
浊沸石 $Ca[AlSi_2O_6]_2 \cdot 4H_2O$	单斜	柱状、纤维状	瓷白、乳白色	3～3.5	2.2～2.3	完全	
柱沸石 $Ca[AlSi_3O_8]_2 \cdot 5H_2O$	单斜	柱状	无色	4.0	2.2	完全	
锶沸石 $(Sr, Ba, Ca)[AlSi_3O_8]_2 \cdot 5H_2O$	单斜	柱、板、粒状	无色	5.0	2.45	完全	
片沸石 $(Ca, Na_2)[Al_2Si_7O_{18}] \cdot 6H_2O$	单斜	粒、板状	无、白、黄色	3.5～4.0	2.18～2.22	完全	
辉沸石 $(Ca, Na_2, K_2)[Al_2Si_7O_{18}] \cdot 7H_2O$	单斜	板状	白、褐、红色	3.5～4.0	2.1～2.2	完全	十字双晶
杆沸石 $NaCa_2[Al_5Si_2O_8]_{2.5} \cdot 6H_2O$	正交	柱、针、片状	无、白色	5～5.5	2.1～2,4	完全	性脆
钙十字沸石 $(K_2, Na_2, Ca)[AlSi_3O_8]_2 \cdot 6H_2O$	正交	柱状	白色	4.0～4.5	2.3	中等	
钙沸石 $Ca[Al_2Si_3O_{10}] \cdot 3H_2O$	单斜	纤维状	无、白色	5～5.5	2.25～2.29	中等	性脆
中沸石 $Na_2Ca_2[Al_2Si_2O_{10}]_3 \cdot 8H_2O$	单斜	针、束状	无、白色	5.0	2.2～2.4	完全	弱热电性
钠沸石 $Na_2[Al_2Si_3O_{10}] \cdot 2H_2O$	正交	柱状、纤维状	无、白色	5～5.5	2.2～2.5	中等	性脆
毛沸石 $KNaCa[Al_2Si_6O_{16}]_2 \cdot 12H_2O$	六方	纤维、放射状	白色	3.5～4.0	2.02		
丝光沸石 $Na_2Ca[AlSi_5O_{12}]_4 \cdot 12H_2O$	正交	针状、纤维状	白、淡黄色	3～4	2.12～2.15	完全	
环晶沸石 $Na_2Ca[AlSi_5O_{12}]_4 \cdot 12H_2O$	单斜	假四方柱状	无色	4～4.5	2.19	完全	
斜发沸石 $(Na,K)_3[Al_3Si_{15}O_{36}] \cdot 12H_2O$	单斜	板状	无、白色	3.5～4.0	2.1～2.5	完全	
钡沸石 $Ba[Al_2Si_3O_{10}] \cdot 4H_2O$	假四方	板、柱状	白色	4.5～5.0	2.7～2.8	中等	有焦电性

处，使其利用受到限制。被利用的天然沸石矿物种也只占发现矿物种的四分之一，主要是斜发沸石、钙十字沸石、丝光沸石、毛沸石、浊沸石、菱沸石等。所以加强对天然沸石矿物的应用研究，对充分利用沸石资源有重要意义。沸石的特性引起人们极大兴趣，已人工合成100多种沸石用于工业，如人造含钠沸石已被广泛地用于软化硬水。

　　沸石是沉积岩中最丰富、分布最广的自生矿物之一，也是火山凝灰岩和火山碎屑沉积物的主要组分。海洋沉积物中有丰富沸石存在。沸石也常见于与晚期低温热液作用有关的蚀变火山岩中。变质岩中的沸石可作为变质程度的标型矿物。多数沸石是火山玻璃在碱性环境里与水反应的产物。日本、俄罗斯、美国是世界沸石资源大国，著名产地有日本的意大亚、土库曼斯坦、外高加索地区、美国加利福尼亚州和亚利桑那州。中国主要产地有浙江缙云、河北赤城、山东潍坊等。

钠沸石（3cm，美国）

第六章　硝酸盐矿物

［一、硝石］

化学组成为 $K[NO_3]$，晶体属正交（斜方）晶系的硝酸盐矿物。又称钾硝石、印度硝石、火硝。晶体呈针状、毛发状；集合体呈束状、皮壳状、盐华状。白色或被杂质染成灰白色、浅灰至灰色。玻璃光泽或丝绢光泽。莫氏硬度 2.0。性脆。密度 $1.99\sim2.10$ 克/厘米³。解理完全。在水中溶解度很大，在空气中不潮解。因此，几乎不出现在盐湖矿床中，主要产于干旱地区土壤、岩石的表面和洞穴中，系含氮有机物分解成硝酸根，再与土壤中的钾化合而成。世界著名产地有智利北部沙漠区的塔拉帕卡和安托法加斯塔。在墨西哥、秘鲁、非洲、中国的新疆和青海等干旱地区均有产出。是制取氮肥、钾肥的矿物原料，可用作玻璃釉药、热处理剂、炸药、烟火、起爆器材等。

［二、钠硝石］

化学组成为 Na [NO₃]，晶体属三方晶系的硝酸盐矿物。又称智利硝石。成分中常含有石盐、硫酸钠、碘酸钙等杂质。菱面体晶体少见，常呈致密块状、皮壳状、盐华状集合体。无色或白色，常被杂质染成浅灰、浅黄、黄褐、红褐等色。玻璃光泽。莫氏硬度 1.5～2.0。性脆。密度 2.24～2.29 克/厘米³。解理完全。易溶于水。在空气中具强潮解性。产在炎热干旱地区的土壤里，主要由含氮有机物分解而成的硝酸根与土壤中的钠化合而成。世界最著名产地是智利北部沙漠区的塔拉帕卡和安托法加斯塔，中国许多省份都有产出，其中以新疆、河北、河南、山东、湖南、江西、福建、广东最丰富。是制造氮肥、硝酸钾和炸药的主要原料，用作炼镍的强氧化剂、玻璃白色坯料的澄清剂或脱泡剂、珐琅的釉药、人造珍珠的黏合剂。